《自然辩证法通讯》
精选文丛

胡志强 丛书主编

人工智能的哲学思考
与时代反思

李斌 本册主编

商务印书馆
创于1897　The Commercial Press

图书在版编目（CIP）数据

人工智能的哲学思考与时代反思 / 胡志强丛书主编；
李斌本册主编. —北京：商务印书馆，2024（2025.4 重印）
（《自然辩证法通讯》精选文丛）
ISBN 978-7-100-24042-0

Ⅰ.①人… Ⅱ.①胡… ②李… Ⅲ.①人工智能—技
术哲学—研究 Ⅳ.① TP18-02

中国国家版本馆 CIP 数据核字（2024）第 106328 号

《自然辩证法通讯》精选文丛
胡志强　丛书主编

人工智能的哲学思考与时代反思
李　斌　本册主编

商　务　印　书　馆　出　版
（北京王府井大街 36 号　邮政编码 100710）
商　务　印　书　馆　发　行
北京市十月印刷有限公司印刷
ISBN 978 - 7 - 100 - 24042 - 0

2024 年 11 月第 1 版　　　开本 710×1000　1/16
2025 年 4 月北京第 2 次印刷　　印张 15¼

定价：75.00 元

编者序

人工智能的哲学思考与时代反思

李　斌

伴随大数据技术的高速发展、深度学习的不断进步，人工智能技术正在以广泛而深刻的力量重塑着我们的生活。从机器人开发、图像识别、语音识别到智能音箱、智能机器人的出现，如今的世界已经走向数据化，并将逐渐进入智能时代。

2016年，谷歌阿尔法狗（AlphaGo）以4∶1战胜围棋世界冠军、职业九段棋手李世石。这一场比赛，让常常存在于科幻文学中的"人工智能"实体化，也将人类的自信击破。比赛后深度学习走入大众视野，掀起了人工智能"大众热"的浪潮。人工智能的智能化水平会全面超越人类水平，人类将成为人工智能的奴隶，诸如此类对人工智能的担忧不断加剧。诸多学者开始严肃认真地讨论，我们会不会像科幻电影里那样被机器人统治？在这种背景下，人工智能的哲学基础问题、人工智能的伦理规范、人工智能与政治哲学、人工智能的社会运用探索等，成为学术界具有理论严肃性和实践紧迫性的重要话题，也成为更多思想洞见得以产生的沃土。

《自然辩证法通讯》高度重视人工智能对人类社会的深刻影响，针对这一历史性事件组织了多个专题，发表了数十篇文章，从哲学基础、伦理规范、社会运用等方面探索并反思人工智能的多种面向和复杂意蕴，在学术界产生了一定的影响。本文集以人工智能为主线，以人工智能的哲学思考和时代反思为主题，梳理并整合人工智能在哲学基础问题、伦理规范、政治哲学以及社会运用方面的前沿理论和思考，探索人工智能与人类的相处之道，为我们理解和应对人工智能的挑战，以及人工智能稳定、有序、和谐的发展，提供更深入的理性思考。

　　本文集共包含四个专题。专题一是人工智能哲学基础问题。倪梁康的文章以"意识"的概念为出发点，区分"意识""自身觉知"与"自我意识"，思考物本论与心本论的对峙。意识哲学研究与意识科学研究已经形成了各自的研究方法并得出各自的研究成果，它们不可能被还原为对方，在这种情况下倪梁康探讨了这两种研究可以进行合作的方向。殷杰、董佳蓉的文章解释了人工智能语境论范式的意义，认为在现有的范式理论无法对人工智能的发展状况做出正确表述的形式下，语境论范式决定了以表征和计算为基础的人工智能所能达到的智能水平，有望帮助人工智能突破已有范式理论的局限。徐英瑾运用日语的特征，将美国哲学家塞尔（John Searle）的"中文屋"实验改写为"日语屋"，表明现有的人工智能技术尚且无法把握"对于说话者主观身体感受的高度敏感性"这一日语现象——而之所以如此，是因为现有的人工智能技术并没有在真正的意义上将"计算"与"具身性"结合在一起。梅剑华的文章对人工智能的概念加以深化，进而解释了人工智能的两种基础问题，即理解上的问题和理论上的问题，并且在此基础上对两种问题进行辩证思考。

　　专题二是人工智能伦理规范的理论反思与技术实践。程广云的文章从人的定义必须由本质主义转向功能主义的角度提出"不受控"机器人，它的出现将会使自然人和机器人的关系从人机关系发展到跨人际主体间关系。王磊对人工智能的参差赋权进行讨论，分析其发生逻辑，并对参差赋权产生的潜在风险提出相应的策略选择。潘恩荣、杨嘉帆的文章认为面向技术的人工智能伦理分析是非常必要的，并且以自动驾驶系统的问责问题为例建立一种伦理分析框架，这对解决人工智能产业界存在的伦理问题是一种理性的方式。赵汀阳的文章认为人工智能的危险在于自我意识，当人工智能拥有拟人化的情感、欲望和价值观时，必然是危险的存在，对于创造这种的人工智能，需要提前反思、审视。

专题三是人工智能的政治学批判与反思。王志强在可设想的若干层面上对人工智能的未来及可能性进行政治哲学的批判。黄竞欧对人工智能进行哲学维度的批判并深入到生产领域。秦子忠的文章通过评述"人类终结论"和"竞速统治论"，追认人类的复杂性，探究程序化的限度，并展示人类能力发展的可能空间。葛四友的文章试图从政治的环境理解入手，考察对三种类型人工智能开展政治哲学思考的可能性，试图分析目前人工智能政治哲学反思的窘境。

专题四是人工智能的社会运用探索。岳楚炎的文章探讨了人工智能对现代政府制度的冲击。刘鸿宇、彭拾、王珏的文章借助Citespace文献数据分析技术，对人工智能心理学研究的相关文献进行了科学系统的可视化分析，并以此为基础展现了人工智能心理学领域的6个知识聚类，深入探究各聚类的核心与热点知识，进而分析了人工智能心理学发展的各阶段特征。马翰林的文章评述了通过"人工道德建议者（AMA）""客观"的道德表征能力与强大的信息获取能力协助人类提高道德认知水平的短板，提出不同的"道德增强"方案。宋春艳、李伦从对人工智能体的自主性与担责可能性的论辩，设计出人机系统的责任分配原则，并探讨人机系统的责任承担方案。

目前人工智能仍是社会主流话题，人工智能以及相关科学技术也将必然受到长期关注。面对这个发展快速的技术，人们更多的是关注它的技术进步和研究成果。本书旨在以哲学方式思考及反思人工智能技术对人类社会的作用和影响，追求人性视角的科学审视。本书具有科普和思想启发的作用，同时积极响应了国家"推动人工智能产业技术研发和标准制定，促进产业健康可持续发展"的政策,可作为人工智能方面的科普读本。在新一轮科技革命和产业变革的进行中,加之市场需求和国家政策的积极支持与引导,人工智能同样需要对其本身和因其产生的问题进行哲学方面的思考。这既是本书的目的,也是本书的现实应用价值所在。

目　录

专题一　人工智能哲学基础问题

意识作为哲学的问题和科学的课题

倪梁康

一、引论

"意识"是哲学家自古以来就在不断思考与讨论的问题，尽管是以不同的名义，例如西方哲学中称之为"努斯""灵魂""精神""心灵""心理"，东方哲学中则称之为"心""意""识""思""想""念"，诸如此类。今天的哲学界仍然在意识哲学、心灵哲学、心理哲学、精神哲学等领域不同的名义下继续探问这个问题。

对于有关意识或心灵的讨论，心理哲学家丹尼特（Daniel Dennett）曾在他的《心灵种种》（*Kinds of Minds*）一书中开门见山地表达自己的看法："我是哲学家，不是科学家。我们哲学家更善于设问，而不是回答。大家不要以为我一上来就在贬低自己与自己的学科。其实，提出更好的问题，打破旧的设问习惯与传统，是人类认识自身、认识世界这一宏伟事业中非常困难的一部分。"[1]

丹尼特在表达这个看法时自认是哲学家，因此他没有承诺自己的研究能够提供关于意识问题的具体解答方案。但他在这里实际上还有另一个身份，即心理学家。这个身份意味着他也应当对这个问题提供某些答案，或描述、解释、说明，或至少为解答问题做出准备性的工作。接下来我们也会看到，这的确是丹尼特在该书中的主要研究。而本文标题中提到"科学"，同样包含了某种在意识领域中不仅要设问而且要解答的意图。

这里所说的"科学"当然是指"精神科学"，而且带有狄尔泰赋予"精神科学"的特有含义，即带有关于精神世界的科学和历史理性批判的含义；但它同样带有胡塞尔所理解的"科学"的含义，即"作为严格科学的哲学"的含义。因而这个双重意义上的"精神科学"（或"意识哲学"）在论题和方法两个方面都有别于我们今天理解的"科学"，即"自然科学"：在论题上，它以"精神""意识"或"心灵"为对象；在方法上，它不一定是"精确的"，但应当是"严格的"。

在人工智能研究疾速发展的今天，不仅意识哲学家和精神科学家始终在关注意识问题，物理学家、医学生物学家、心理学家、脑科学和神经学家等也都带着不同的兴趣和目的，开始将科学研究的目光集中到"意识"问题上。

正如泰格马克（Max Tegmark）所说："虽然思想家们已经在神秘的意识问题上思考了数千年，但人工智能的兴起却突然增加了这个问题的紧迫性，特别是因为人们想要预测哪些智能体可能拥有主观体验。"他在其畅销书《生命3.0》（*Life 3.0*）中用第八章来专门讨论意识。他首先看到了以目前自然科学、物理科学的方式去接近意识科学、心理科学问题的困难："意识是一个富有争议的话题。如果你向人工智能研究者、神经科学家或心理学家提到这个以c打头的单词（consciousness），他们可能会翻白眼。"而之所以出现这种局面，在他看来首先在于"意识"的定义不明："正如'生命'和'智能'一样，'意识'一词也没有无可辩驳的标准定义。相反，存在许多不同的定义，比如知觉（sentience）、觉醒（wakefulness）、自身觉知（self-awareness）、获得感知输入（access to sensory input）以及将信息融入叙述的能力。"[2]严格说来，泰格马克列出的所有这些概念，尤其是"自身觉知"，不仅与"意识"

不相匹配，而且存在相当大的差异。

但泰格马克仍然在尝试给出"意识"的两个定义或特征刻画。他对"意识"的第一个定义是"主观体验"。这也是对"意识"的通常理解。如果仅仅承认这个定义，那么也就需要承认，关于意识只能进行形而上学的哲学讨论而无法进行客观的科学研究。

泰格马克认为对"意识"还有第二个定义或特征刻画，即"意识"是"信息"，因而可以对其进行科学研究。他认为人工智能在未来的发展将是创造出有意识的、同时也具有更高智慧的机器人，这将是生命发展的3.0版本："哲学家喜欢用拉丁语来区分智慧（'*sapience*'，用智能的方式思考问题的能力）与意识（'*sentience*'，主观上体验到感质的能力）。我们人类身为智人（*Homo Sapiens*），乃是周遭最聪明的存在。当我们做好准备，谦卑地迎接更加智慧的机器时，我建议咱们给自己（应当是给这种机器人）起个新名字——意人（*Homo Sentiens*①）！"[2], p.415

在泰格马克提出的这个宣言或设想中，隐含着对意识的一种未加审思和阐明的理解：人工智能目前属于有智慧的机器，但更有智慧的机器不仅仅是有智能的，而且还是有意识的；因而"意识"在这里是一种比"智能"更高的智慧形式。

事实上这个思想在丹尼特那里已经可以找到了。他将有意识的意向性称作"高阶意向性"（higher-order intentionality）或"有思想的（thinking）聪明"，不同于目前人工智能所处的"无思想的（unthinking）聪明"阶段——换言之，低阶的、无意识的意向性。

由于丹尼特同样批评"无思想的自然心理学家"（unthinking natural psychologists）[1], pp.107-135，因而他给人的印象是他默默地将有无思想视作区分"智人"与"意人"的标准，由此将自然心理学家纳入智人的范畴。这个意义

---

① 由于泰格马克将"意识"首先理解为"sentiens"意义上的"觉知"，因而他将未来的更高智慧的机器人命名为"Homo Sentiens"。但实际上"意人"更恰当的名字应当是"*Homo conscientia*"。这涉及对"意识"的基本理解。后面还会回到这个问题上来。

上的"thinking"似乎就是海德格尔所说的"科学不思"中的"思"①。但丹尼特在"思想的创生"这一章开篇对"思"的阐释却让人觉得他所说的"思"更像是"自身觉知"意义上的"意识":"很多动物躲藏而没有想到自己正在躲藏;很多动物结群而没有想到自己正在结群;很多动物追捕而没想到自己正在追捕。它们都是自己神经系统的受益者,而在控制这些聪明而适当的行为时,它们的神经系统并没有让宿主的头脑负载起思想或者任何像思想、像我们这些思想者所思想的思想的东西。"[1], p.107

这个意义上的"思"或"想"显然就是我们通常用"自身觉知"或"自身意识"来表达的东西。胡塞尔也将它称作"内觉知""原意识"或"内意识"。它本身不是意向意识或对象意识,而只是对象意识的一个部分,是对象意识在进行过程中对自己的一种非对象的觉知。

笔者在专著《自识与反思》中介绍了西方思想史上现有的思想资源并且说明:近现代意识哲学家与心理哲学家的内省思考已经达成一点共识,即意识的"自身觉知"不是一种通过反思而获得的"自我认识"。[3]而姚治华在其《佛教的自证论》中也对佛教思想史上的相关思考做了类似的阐述。用佛教的术语来表达:一方面,佛教唯识学区分了三个意识要素或"三分",即"自证分"以及"见分"与"相分";另一方面,这个意义上的"自证分"在佛教传统中也不同于反思意义上的"内观"。[4]

需要说明一点:我们这两部专著几乎是同时出版的,即是说,它们的产生并未受到可能的相互影响。但在自身觉知和自身认识问题上,我和姚治华最终都受到过我们共同的老师、瑞士现象学家和汉学家耿宁先生(Iso Kern)的影响。

二、有意识的人工智能意味着什么?

2019年2月4日,"人工智能网"有一则新闻报道标题为"机器人真的有意

---

①　海德格尔后来也曾认同最早起源于古希腊的科学之"思"仍然是"思"的一种,只是"算计之思"(rechnendes Denken),或"逻辑之思",不同于他后来倡导的"思义之思"(besinnendes Denken)。

识了：突破狭义AI的自我学习机器人问世"。在具体报道中可以读到如下内容："哥伦比亚大学打造一只'从零开始'认识自己的机器人，这个机器人在物理学、几何学或运动动力学方面没有先验知识，但经过35小时的训练，能够100%完成设定任务，具备自我意识。"

一时之间，"有意识的机器人在春节前现身"的说法传布开来。但进一步的观察表明，这里自始至终没有明确定义什么叫作"有意识（self-aware）"或"具备自我意识"。而如果我们按作者的意思，将"有意识"或"具备自我意识"理解为有"突破狭义AI的自我学习"的能力，那么这里"有意识"或"具备自我意识"的说法就会面临两方面问题：其一，这种有"突破狭义AI的自我学习"能力的人工智能此前就有过，例如在DeepMind设计的AlphaZero那里；其二，有自我认知、自我学习的能力并不等同于"意识"或"自我意识"。黑猩猩用半小时甚至更短的时间就能明白镜子里是自己的影像，猴子则可能用一天或几天的时间，但这与上文所说的机器有"意识"和"具备自我意识"显然大相径庭。

"人工智能网"的报道中显然存在着诸多渲染和含混之处，因此需要去找原始出处及其所依据的资料："哥伦比亚大学网"与"Science Robotics"网站的报道要客观得多。虽然这里也提到有自身意识的机器人（Robots that are self-aware），但标题要谦虚谨慎一些："距离有自身意识的机器人又近了一步"（A Step Closer to Self-Aware Machines）。[1]

无论是"意识"，还是"自我意识"，或是"自我认识"，这些概念都是互不相同的。甚至"自身意识"（self-aware）、"自我认知"（self-knowledge）、"自我模式"（self-model）也是词义接近但所指不同的概念。

当然，即使"哥伦比亚大学网"的报道也没有说明："有意识"是什么意思？这在严格的意义上是指"有自身意识"。但"有自身意识"又是指什么？从报道上看，这个项目的实施者显然将"自我意识"等同于"自我认

---

[1]　参见以下两个网址：https://engineering.columbia.edu/press-releases/lipson-self-aware-machines；http://robotics.sciencemag.org/content/4/26/eaau9354/tab-pdf。后面的相关引文均出自这两篇报道。

识"，因而有"自我意识"的机器被理解为能够认识自己，或已经认识了自己的机器。哥伦比亚大学主持这个项目的利普森（Hod Lipson）教授说："机器人会逐步认识自我，这可能和新生儿在婴儿床上所做的事情差不多。""我们猜测，这种优势也可能是人类自我意识进化的起源。虽然我们的机器人这种能力与人类相比仍然很粗糙，但我们相信，它正在走向一种具备自我意识的机器。"他认为这项研究在"自我意识"方面取得了以往在哲学家和心理学家那里从未有过的科学进步："几千年以来，哲学家、心理学家和认知科学家一直在思考自然意识的问题，但一直进展不大。我们现在仍然在使用'现实画布'（canvas of reality）之类的主观词汇，来掩盖我们对这个问题理解不足的现实，但现在机器人技术的发展，迫使我们将这些模糊的概念转化为具体的算法和机制。"

利普森在这里表达的实际上并不是自身意识问题上的一个研究结论，而是一个有待回答的基本问题：如果自身意识的概念仍然是含糊不清的，那么是否有可能以及如何有可能将它转化为具体的算法和机制，建立起系统模型？① 在回答这个问题之前，还有一个问题需要澄清：几千年来关于自我意识的研究和思考，真的没有进展吗？至今仍然是一个类似"现实画布"的模糊概念吗？若果如此，那么他所说的"自我意识"，必定不同于几千年或至少是几百年来哲学家和心理学家所讨论并已得出诸多结论的那个"自身意识"。

泰格马克曾在《生命3.0》中呼吁，意识需要一个理论。[2], p395事实上在此之前，他的同行、浙江大学物理系的荣休教授唐孝威院士已经提出了一种关于意识的理论：他在《意识论：意识问题的自然科学研究》（简称《意识论》）一书中不仅论述了意识理论的观点和方法，而且在结尾的第十章中建构了他的"意识的理论体系"，并确定意识的4个规律：1.意识结构方面的意识要素

---

① 可能文学家类型的哲学家对此问题也持有或多或少相同的态度。例如电影《超越》（Transcendenz, 2014）中有一段人机对话，人问机器（这里的人工智能不是人形的机器，因此不能叫机器人）："你能证明你有自身意识吗？"机器反问："这是一个复杂的问题。你能证明你有自身意识吗？"

律；2.意识基础方面的意识基础律；3.意识过程方面的意识过程律；4.意识发展方面的意识发展律。[5]

严格说来，关于1、4两条规律的理论不能算自然科学研究，而更多是精神科学，或者说是心理哲学和精神哲学的研究。无论如何，唐孝威不仅参考了早期心理学家冯特、詹姆士、弗洛伊德的研究，也参考了当代的心灵哲学家和科学哲学家如查尔默斯、塞尔、威尔曼（Hans-Georg Willmann）等人的著述。

而关于2、3两条规律的理论属于自然科学，具体来说是生物学和神经科学—脑科学，但立足不稳，论证比较弱。唐孝威也参考了克里克（Francis Crick）和科赫（Christof Koch）等一批神经科学家对意识的见解和论述。他深知对意识的研究需要从整体、系统、脑区、回路、细胞、分子等各个层次进行。但这些研究还处在起始阶段，因而在他所承认的"意识至今还是未解之谜"[5], p.30的阶段得出的意识规律，在一定程度上保留了揣测、构想和推断的性质。

但唐孝威的《意识论》提供了一个平台或一个方向，一个试图用自然科学的观点和方法来展开意识研究的可能和现实的实施方案。现在我要认真考虑是否撰写一部用精神科学的观点和方法来阐释意识理论的对应论著，暂定名为：《意识现象学引论：意识问题的精神科学研究》。无需重复，这里的"精神科学"带有狄尔泰和胡塞尔赋予它的意义。

三、"心灵""意识""无意识"各自所指的是什么？

意识当然也是哲学家和思想家始终在思考的艰难问题，这些思考在所有古代文化中都可以发现，而且是以不同的名义进行。卡西尔曾说："看起来意识这个概念是真正的哲学柏洛托士①。它在哲学的所有不同问题领域都出现；但它在

———————
① 柏洛托士（Proteus）是希腊神话中变幻无常的海神。

这些领域中并不以同一个形态示人，而是处在不断的含义变化中。"[6]如今对这个问题的思想史回顾已经表明，在所有关于意识的思考中，最明确地界定"意识"概念因而谈论得最通透的思想传统，应当属于佛教唯识学。

历史上佛教的意识理论大多将如今人们常常使用的"心灵"（mind）概念一分为三，即"心"（citta）、"意"（manas）、"识"（vijñana）。它们或是被视作同一个东西的三种功能，或是被视作对同一个东西的三种诠释，又或者被理解为"心灵"的三种类型或三个发展阶段。无论如何，它们各自具有自己的特征，即"集起""思量"与"了别"。大乘唯识学因此也将它们命名为"第八阿赖耶识"（"含藏之识"，或称"藏储意识"）、"第七末那识"（"思量之识"，或称"思量意识"）和前六识（"分别或分辨之识，或称"对象意识"或"分别意识"：眼识、耳识、鼻识、舌识、身识、意识）。

这个三位一体的"心意识"，既有结构上的深浅之别，也有发生上的次第之差。如今若要构建一门意识理论，首先应当学习和了解佛教传统中的这个"心意识理论"。这里已经可以看出，与它相对应的概念实际上并不是c打头的"consciousness"（意识），而更应当是m打头的"mind"（心灵）。"心灵"的外延比"意识"更大。后者通常被包含在前者之中，意味着"心灵""被意识到的"部分。这也是查尔默斯在其专著《有意识的心灵》[7]中首先和主要表达的意思。

这也就意味着，"心灵"还包含"未被意识到的"部分，即"无意识"或"潜意识""下意识"的部分。即是说：心灵由两部分组成：有意识的和无意识的。在我看来，前者的最深刻、最敏锐的研究者是胡塞尔。后者的最有洞见与影响的研究者是弗洛伊德。他们的代表作都发表于1900年：《逻辑研究》[8]与《梦的诠释》[9]。

"无意识的心灵"与唯识学所区分的第八识十分相近[10]，而"有意识的心灵"则基本上相当于唯识学所说的第七识和前六识。八识合在一起，就是西方哲学中的"心灵"，也是传统中国哲学中的"心"，以及佛教哲学中的"心意识"。

　　现代语言中的"意识"概念常常被当作"心灵"的同义词来使用，无论是汉语的"意识"，还是德语的"Bewußtsein"、英语的"consciousness"或法语的"conscience"。而这往往会造成混乱。查尔默斯的著作《有意识的心灵》从概念上对此做了基本的厘清。现象学家扎哈维也做了相似的工作，他与伽拉赫合著的《现象学的心灵》[1]，实际上也将"心灵"区分为"现象学的（显现的）"和"心而上学的（Meta-Psychologie，不显现的）"，前者是胡塞尔意义上的意识现象学分析，后者则是弗洛伊德用来标示自己的无意识研究的概念。无论如何，这个意义上的"意识"所对应的都是佛教唯识学中的全部八识或六识的"心意识"，而不是其中的某个"意识"，无论是第七识，还是第六识。①

　　因此可以说，广义的意识泛指一切精神活动，或者说，泛指心理主体的所有心理体验，如感知、回忆、想象、图像行为、符号行为、情感、意欲，如此等等，皆属于意识的范畴。它基本上等同于"心灵"的被意识到的部分。

　　这里要特别说明，广义上的"意识"不仅仅是指与表象、判断、认识有关的心理活动，看到的鲜花、听到的音乐等；而且还包含另外两个种类：情感（感受）和意欲（意志）。例如，我对噪声的厌恶感受，我对鲜花的舒适感受；我对某物的欲念或对某人的同情。它们都指向某物，都具有指向对象或客体的意向结构。易言之，"有意识的心灵"在总体上可以一分为三：表象意识、情感意识、意欲意识。②因此，意识活动的范围要远远大于智识活动的范围：后者只是"知"，是前者"知情意"的三分之一。

　　纯粹的智识活动在今天的人工智能研究那里可以发现。由于人工智能的研究和开发目前还仅仅在于模拟、延伸、扩展和超越人类智能，因而要从人

---

① 大乘佛教唯识学中的第七识"末那"（manas，意思是"意"）与第六识"意识"（mano-vijñana）代表了意识的两个不同的层面或向度，它们都与"末那"有关：第七识采用音译，第六识意译为"意识"，即"末那"之识、与思量相关的"分别心识"。

② 也可以像胡塞尔所做的那样一分为二：客体化行为与非客体化行为。这里的"客体化"，是指意识的"能指"或"能意"的功能。它可以统摄杂多的感觉材料，赋予眼、耳、鼻、舌、身对应的素材：视觉、听觉、嗅觉、味觉、触觉以统一的意义，使某物从其背景中凸现出来，成为一个相对意识而立的客体。而"非客体化意识"是指情感和意欲这些意识行为不能构造的客体，它的客体需要借助于客体化行为来构造。

工智能向人工意识发展，必须考虑将人工情感与人工意欲的因素纳入人工意识和人工心灵系统的可能性。进一步说，要谈论人工意识的可能性，至少需要在人工智能中加入人工情感和人工意欲方面的因素；而要设想人工心灵的可能性，则还需要加入无意识、潜意识、下意识的因素。这里我们也会遭遇有心灵的机器人是否会做梦、是否需要做梦的问题。

人工意识或人工心灵是否需要以及是否可能完全模拟人类意识或人类心灵的思考？这里我们已经预设了一个肯定的回答。

四、"意识"与"自身觉知"和"自我意识"的区别是什么？

需要说明一点：要想将人工智能发展为人工意识，不仅需要补充人工情感和人工意欲的内容，而且还需要加入"自身觉知"的成分。

这里应当从一开始就在术语上完成一个刻意的区分，因为在通行的相关英语术语中，"自身意识"（self-consciousness）、"自我意识"、"自身觉知"（self-awareness）这些概念往往被视为同义的。在德文的哲学与心理学文献中[①]，以往常常使用的"心灵生活"（Seelenleben）相当于英文中的"心灵"（mind），而"意识"（Bewußtsein）基本上与英文的"意识"（consciousness）同义。但英文的"self"含义并不像德文的"selbst"那样单纯是一个指称代词，而可以是而且常常是一个名词。德文用"自身意识"（Selbstbewußtsein）与"自我意识"（Ich-Bewußtsein）来表达的本质差异，在英文中并未得到应有的关注，因而"自身"与"自我"混淆在"self"概念的多重含义中。也正因为此，当利普森宣称要将"这些模糊的概念转化为具体的算法和机制"时，他很可能并不知道这里的模糊概念"self"应当意指什么，而且很有可能也不知

[①] 可以参见：Theodor Lipps, *Grundtatsachen des Seelenlebens*, Bonn: Max Cohen and Sohn Verlag, 1883; Emil Berger, *Beiträge zur Psychologie des Sehens-Ein Experimenteller Einblick in das Unbewußte Seelenleben*, Berlin Heidelberg: Springer-Veflag, 1925; Hermann Hoffmann, *Vererbung und Seelenleben-Einführung in die Psychiatrische Konstitutions-und Vererbungslehre*, Berlin: Verlag Von Julius Springer, 1922.

道"awareness"应当意指什么。因而这个状况下完成的"self-modeling"就会导致不同的结果，并且在每个人那里引发不同的理解。

这种概念模糊的状况不仅在上面所引的人工智能新进展报道中可以找到，在注重概念和语言的心灵哲学家的研究中也可以发现。例如塞尔的《心灵的再发现》，他虽然以在餐厅吃饭时的种种意识为例区分了对象意识（牛排、酒、土豆的味道）以及同时可能产生的两种情形的自身意识，但他显然忽略了确切意义上的"自身意识"或"自身觉知"。带着这种将自身意识等同于自我意识的理解，他将"所有意识都是自身意识"的命题视作三个传统的错误之一。他仅仅在这个意义上理解"自身意识"："在所有意识状态中，我们能够把注意力转向状态本身。例如，我可以把注意力不是集中在面前的景致上，而是集中在我看这一景致的经验上。"[12]

就此而论，塞尔的"自身意识"是一种反思性的或内省性的意识行为，属于对象意识的一种，即不是指向外部事物，而且指向自己本身或内在经验的意识。它不同于现象学家和唯识学家所说的"自身意识""自身觉知"或"自证"。

在胡塞尔那里，自身意识不是对象意识，它本身不是独立的意识行为，而是每个清醒的意识的一部分。"每个行为都是关于某物的意识，但每个行为也被意识到。每个体验都是'被感觉到的'（empfunden），都是内在地'被感知到的'（内意识），即使它当然还没有被设定、被意指（感知在这里并不意味着意指地朝向与把握）。"[13]这个"内意识"在这里是意识的一部分而不是独立的反思行为。

许多欧陆哲学家都区分自身意识和自我意识。前者是非对象性的，后者是对象性的。我们可以举思想史上的两个案例来加以说明。其一是法国哲学家笛卡尔提出的"我思故我在"。这是对最终确然性的把握：一切都可以怀疑，唯有怀疑本身无法怀疑。怀疑是思，我怀疑，所以我在。但笛卡尔完成他的《第一哲学沉思录》之后将文稿发给同时代的思想家听取意见，有人（伽桑迪）读后便提出诘难："你怎么知道你思呢？如果你说通过思考事先就知道的，那么我思就不是最终确然性，因为你已经预设了关于思的知识。这个知识才是最终的确然性。"这个问题还可以一直问下去：你是怎么知道这个知识的，你是怎么知道你知道这个知道的？这在逻辑学上叫作无穷倒退。这也是我们这里要涉及的第二个例子：玄奘曾面对过同样的问题，他当时就在试图借助前人的思考来克服所谓逻辑上的"无穷之过"，或者说，获得所谓"无无穷过"[14]的逻辑结果。笛卡尔对此问题的回答与玄奘一致。他在对第六诘难的反驳中说："我之所以知道我在思考，是因为我在思考的时候直接意识到我在思考。这种直接的知识（意识）是所有知识中最确然无疑的。它是人类认识最根本的基础，远比关于外物的知识或关于上帝的知识来得可靠。"[15]①因此，黑格尔会说，笛卡尔为哲学找到了一块陆地，从而使它不必继续在大海上做无家可归的漂泊流浪。[16]

这个意义上的"自身意识"是使得我们的意识成为"清醒意识"的东西。清醒的意识是相对于梦意识、无意识、下意识、潜意识而言的。只要我们是清醒的，是有意识的，我们就会自身意识到意识活动的进行。佛教唯识学所说的广义上的"识"（心意识）都是有三分的：见分、相分、自证分，即意识活动、意识对象、自身意识，三个基本要素，缺一不成为意识。

这个意义上的"自身觉知"可以带有道德成分、审美成分、认知成分。我的博士论文讨论的是意识中的存在信念。这与自证分或自身意识中的认知成分有关：在感知和回忆中都有这个成分。散步途中看见前面有一棵树，你会不假思索地绕过它并避免与它相撞。你的对象是树，但对树的感知在背景中伴随着存在性的自身意识。这里的存在不是对象也不是命题，而是伴随着感知在背景中起作用的自身觉知。这种情况在想象中、在期望中、在幻想中不会出现。但虽然这种存在设定的成分不是必然现存的，但认知性的自身觉知仍然存在，因为不设定或对存在持中立态度，事实上也是一种设定的模式

---

① 对此塞尔是这样表达的："根据笛卡尔传统，我们对自己的意识状态有直接的、确定的知识。"（[12]，p.107）如果他这里所说的"直接的、确定的知识"是指"直接的自身觉知"而不是"反身的认知"，那么我会毫无保留地赞同他。

或一种存在信仰的方式。[17]

而在道德行为中，自身意识可以带有道德成分。耿宁认为，王阳明所说的"良知"有三种，其中一种就是道德自证分：在做一件事或进行某个意识活动的同时意识到这个活动的善恶。[18]

类似的情况也可以在审美自证分的案例中发现。我们可以用现象学美学家 M. 盖格尔（Morits Geiger）的例子来说明：在观看提香创作的油画《纳税钱》时，我们的审美享受并不是对画中描绘的两个人以及他们构成的场景（一个法利赛人正在将一枚银钱交给耶稣）的观看（图像意识）行为本身，而是与此观看行为一同发生、但只是在背景视域中以非对象的方式伴随的愉悦感或审美享受感。[19]

现在可以将这个意义上的"自身觉知"放在人工智能的自身意识的讨论中来考察。举例来说，若有人问我：一台自动驾驶的人工智能汽车，它在行使时能够有自身意识吗？那么我的第一反应是反问：这个问题中的"自身觉知"指的什么？——是指它在行驶时会意识到路况，同时也意识到自己对路况的意识？还是一边行驶，一边反思自己以及自己的行驶？在前一种情况中，意识到自己对路况的意识是"自身觉知"，即意识中包含的一个要素（自证分），它本身不是独立的行为；而在后一种情况中，对路况的意识和对自己的反思是两个行为，朝向不同的对象：路况和自我，类似前引塞尔所举餐馆例子中作为对象的牛排与自我。但我们要关注的是"自身觉知"的情况而非"反思"的情况。

心灵哲学家们似乎已经留意到这个意义上的"自身觉知"。当丹尼特说"很多动物躲藏而没有想到自己正在躲藏；很多动物结群而没有想到自己正在结群；很多动物追捕而没想到自己正在追捕。它们都是自己神经系统的受益者，而在控制这些聪明而适当的行为时，它们的神经系统并没有让宿主的头脑负载起思想或者任何像思想、像我们这些思想者所思想的思想的东西"时，他似乎说出了我们用"自身觉知"来表达的东西。但他用"think"或"unthinking""thoughts"等来表达这种意识状态及其结果。他在生物进化论的意义上将承载"思想"的神经系统视作更高的人类智慧阶段，因而他谈到"有思想的聪明和无思想的聪明（thinking and unthinking cleverness）"之间的区别以及因此导致的不同类型的心灵。[1], p.109这是否指人类进化史上的不同阶段的人科"能人（Homo Habilis）""匠人（Homo Ergaster）""智人（Homo Sapiens）"以及泰格马克所说的"意人（Homo Sentiens）"的不同心灵之间的区别？

丹尼特也用不同类型"意向性"来刻画这里的种种心灵差异，有思想的意向性被他称作"高阶意向性"。在塞尔那里也可以发现类似的"内秉意向性"（intrinsic intentionalty）和"派生意向性"（derived intentionality）的差异。

但在我看来，这里"有思想的意向性"实际上是指一种可以觉知自己的意向性，即"自身觉知的意向性"。但这里需要说明，关键的一点在于"自身觉知"本身不是意向性，而只是意向性的一个属性因素。在这里我会自始至终严格地区分"意识""自身觉知"（或"自身意识"）与"自我意识"这三者。

狭义的"意识"往往也被当作"自身意识"（或"自身觉知"）使用。无论如何，它是使得我们的意识成为"清醒意识"的东西。清醒的意识是相对于梦意识、无意识、下意识、潜意识而言的。只要我们是清醒的、有意识的，就会意识到自身的意识状况。与此相反，梦游者或醉酒者常常处在一种有意识与无意识的中间状态，或者说，非清醒的意识的状态，或者说，有意识而无自身觉知的状态。①只要一个人没有完全醉倒，他就仍然能够是有意识的，但他的自身觉知会很弱，甚至完全没有自身觉知。因而宿醉者不会记得他的醉酒状态，即使他那时是有意识的，只是没有或少有自身觉知而已。这一点也可以在玄奘的意识分析中找到支持。他并不否认一个人可以处在有意识却无自身觉知状态的可能性，而只是说："自证分：此若无者，应不自忆。"[14], p.17也就是说，如果自己只有意识而无自身意识，那么事后就不能回忆当时的发生。

---

① 我自己曾在2009年5月6日晚处在这种有意识而无自身意识的状态中，长达三个多小时。但在这个三小时的时间段中，由于没有自身意识，也不可能存在第一人称的视角。

五、物本论与心本论的对峙还能维续多久？

我们可以不相信或不主张二元论，但与以往一样，我们实际上始终处在受二元论主宰的局面中，而且现代科学的发展驱使我们比以往任何时候都更需要面对二元论问题并在物本论（甚至唯物论）与心本论（甚至唯心论）之间做出选择。在意识研究中，相信意识是精神现象还是物理现象[①]，决定了心本论和物本论两种立场。而如果相信意识既是精神现象也是物理现象，那么就会出现一种二元论的立场。易言之，如果接受对意识的两种定义，即"意识是主观体验"和"意识是信息"，那么我们会走向意识研究领域中的二元论。因为如果意识既是生物信息，也是主观体验，那么就有可能既可以用意识哲学和精神科学的方法与意识理论来进行意识分析，也可以用自然科学的方法和信息整合理论来进行意识研究。

但无论在现实上还是在可能性上，始终存在物本论和心本论的冲突。它们也通过两种还原论而得到体现：凡是企图将世上万事万物都还原为布伦塔诺意义上的物理现象和心理现象的意识体验，都可以算作典型的佛教唯识学"万法唯识"的还原论，也可以纳入胡塞尔现象学的超越论的还原论[②]；而如果将所有意识体验都还原为信息，还原为作为脑电波和神经信号的信息或数码，那么这种还原论的趋向在泰格马克、克里克与科赫这类野心勃勃的物理学家、生命科学家那里都可以或多或少地找到。[③]

一旦承认意识是主观体验，那么个体主体的立场以及第一人称视角出发

---

① 这里的"物理现象"不是布伦塔诺意义上的感觉材料，而是作为"意识的物理相关项"（PCC: physical correlates of consciousness）的运动粒子。参见[2], p.396.

② 尽管看起来没有受到胡塞尔的影响，但塞尔在许多方面都与胡塞尔观点相合，结论相近。例如他认为意识是不可还原的，因而反对物本论，而且反对或试图超越二元论。此外，他认为语言哲学是心灵哲学的分支。心灵的"内禀意向性"（instrinsic intentionalty）要比语言的"派生意向性"（derived intentionality）更为根本。他在很大程度上是一个心本论者，或者说，观念主义者而非语言主义者。

③ 在唯识学家那里，生物学家所说的"意识的神经相关项"（Neural Correlates of Consciousness: NCC）也被称作"根"。玄奘："心与心所，同所依根。"（[14], p.17）

的思考就是最终的和不可还原的。这是笛卡尔通过直接的"自身觉知"而使"我思"成为最终确然性的理论依据。它同时也是近代哲学的主体哲学和心本论确立的基础。我的存在、作为"我思"相关项的"所思",以及所有其他存在者,最终都可以还原到"我思"这个原点。这种近代心本论和知识论还原主义在现当代受到了来自哲学界和科学界的多方面质疑,但也继续在各种新的版本中得到进一步的论证和倡导。康德开启的德国观念论和胡塞尔开启的意识现象学是这种心本论主张的维护者和发展者。今天的心灵哲学家查尔默斯、塞尔、丹尼特等以及现象学家 H. 德莱弗斯、扎哈维等,都在各自的意义上强调意识的不可还原性。不过到今天为止,还没有人能够从理论上充分说明意识原则上是不可还原的。

而如果承认意识是一种生物信息和生命体,那么它就可以成为物理学、生物学和信息科学客观研究的对象。而且,将意识还原为信息、符号、数码的工作几乎每天都在进行并取得进展。这个意义上的还原论也没有从理论上得到论证,但在实践中已经被广泛尝试和实施。

在浙江大学于 2019 年 4 月 26 日举办的"意识、脑与人工智能"圆桌论坛上,吴朝晖校长在他的报告中征引了最新出版的《自然》（*Nature*）杂志上一项科研成果:"加州大学旧金山分校的科学家设计了一种神经解码器,利用人类皮层活动中编码的运动学和声音表征,将脑信号转换为可理解的合成语音,并以流利说话者的速度输出,准确率达到 90% 左右。"[20]这个研究的进展实际上意味着物理学或生物学的还原论进一步逼近:意识有可能被完全还原为生物学上的脑电波和神经信号,即所谓"意识的神经相关项",或单纯的信息与数码,即所谓"意识的物理相关项"。哲学的意识研究最终也可能被科学的大数据分析、归纳、整理、编制、组合所取代。这是泰格马克所说的"意识是信息"之定义的一个逻辑结果。在这里物本论排挤了心本论和二元论。

目前意识哲学家在这个对峙中总体上处于一种守势。美国哲学家、认知科学家、现象学家德莱弗斯（Hubert Dreyfus, 1929—2017）于 1972 年出版了《计算机不能做什么?——人工理性批判》[21],20 年后,即 1992 年,他在出版该书的第三版时附加了前言并将书名改为《计算机还是不能做什么？——人工理性批判》[22]。可以看出，哲学的思考今天已经不是在认知理论方面对科学研究进行指导，也不是在责任伦理方面对科学研究之无度提出批评，而是在试图界定科学研究的有限性，或者说，试图回答问题而非提出问题。但随着科学研究的持续进展，这样的做法会不断陷入被动的局面。

年轻的查尔默斯在《有意识的心灵》（1996）中的做法显然要谦卑一些。他仅仅满足于这样一个结果："在最低限度上我已表明，本书在不否定意识的存在、不把意识还原为它所不是的东西方面，有可能使意识问题的研究取得进展。"[7], p.9 而更年轻的德国哲学家 M.加布里埃尔在2015年出版的畅销书《自我不是大脑：二十一世纪的精神哲学》，同样是面对脑科学和神经科学研究的抵近所做的被动防御宣言。[23]

物本论的不断逼近最终会导致"我在故我思"的还原论。甚至二元论的立场最终也会被放弃，因为无论是在心灵哲学家所坚持的第一人称的视角不可替代性方面，还是在意识现象学家所坚持的自身觉知的独一性和本底性方面，都有可能因为新的生物—物理的相关项产生而发生改变。人机意识的互换和相融，也可能随着科学的发展而逐渐成为现实。

一旦到了这一步，关于"我思故我在"还是"我在故我思"的争论，已经类似于"鸡生蛋"还是"蛋生鸡"的讨论。

六、意识哲学研究与意识科学研究可以在哪些方面进行合作？

从意识哲学的立场来看，意识体验的主观性是所有客观性的起源和根据，因此胡塞尔主张真正的客观性在主观性之中。要想把握这种主观性，必须首先排斥任何预设的客观性，包括物理学和生物学的客观性。这是胡塞尔的超越论的还原的观点和方法。它是心本论的、观念论的，也是彻底一元论的。

胡塞尔为意识研究提供了精神科学的特殊方法，为此他受到狄尔泰的大力赞扬。这种方法在狄尔泰的好友约克那里已经被预感到，后来也在其遗稿

《意识地位》[24]中得到表达。意识的研究需要通过在反思中的本质直观来实施。以往的心理学研究也曾用内省心理学、反思心理学来标示它。

意识是主观的心理体验。它是主观的，这意味着无法把它当作直接的客体来研究，不能用实验、观察的方式来直接把握它。在这个意义上我们可以谈论"私人感觉"或"个体主体意识的私己性"。例如，当我感到（意识到）头痛时，没有人比我自己更清楚这一点。在对头痛的反思体验中，我可以区分头痛的各种类型，区分它们的类别、位置、强度和频率等。

我们当然也可以通过医学生理学的研究来了解头痛的起因，例如，是颅内外动脉扩张、收缩或牵拉，还是颅内静脉及硬膜移位或牵拉；是神经系统受压、损伤或化学刺激，还是头颈部肌肉痉挛、收缩或外伤；是脑膜受到刺激或颅内压增高，还是脑干结构激活，以及各种其他机制。我们可以根据不同的情况来消除这些可能的起因，从而终止头痛——但生理学研究所涉及的是头痛的根源和起因，而非头痛本身。

我们还可以通过心理学的观察和实验来研究，例如，通过行为心理学的观察发现患者是否常有呻吟、抱头、皱眉等行为以及其他明显或不明显、有意识或无意识的动作，由此了解这种头痛是否实际存在、它的强度以及它的位置等——但客观心理学（行为心理学以及实验心理学均属于此）研究所涉及的是头痛的外部表达和显现，而非头痛本身。

如果生理学的研究和心理学的研究都表明你的头痛不存在，而你自己却明白无疑地感受到头痛，客观研究与主观体验便会发生冲突。事实上，许多意识体验的情况都是如此，如回忆、感激、怨恨等。

对于个体主体来说，他的主观体验是最确定无疑的。这也是笛卡尔得出"我思故我在"的哲学第一命题的依据。"我思"在这里就是指"我意识"，包括"我头痛"。在这个意义上，胡塞尔说：真正的客观性、确定性是建立在主观性之中的。

由于意识是主观的心理体验，而且是流动不居的和持续涌现的，因此早期的心理学家们也将它们视作：1. 不能被认定的（詹姆士、柏格森、明斯特贝格），2. 不能被量化的（柏格森、利普斯、明斯特贝格、艾宾豪斯、费希纳），3. 不能被客体化的（纳托尔普[Natorp Paul]、胡塞尔、柏格森）。[25]

要把握这个意义上的主观意识，必须运用意识哲学或精神科学的特殊方法。胡塞尔的意识现象学或精神哲学（精神科学）所尝试把握的纯粹意识结构和意识发生的本质规律，原则上不仅应当对所有理性生物有效，而且对人工意识必定也是有效的；纯粹意识的法则必定也是对人工意识有效的法则。探讨和把握人类的感知、想象、回忆、图像意识、符号意识、情感意识、意欲意识、审美意识、道德意识、价值意识等发生的规律和结构的规律，可以在总体上为人工意识的发生和结构提供借鉴。在这个意义上，哲学的人类意识研究可以为人工意识的组建和创造提供研究的基础和必要的启示。而"人工意识"的开发和创造代表了"人工智能"研究的未来。因为"智能"实际上只是人类意识"知、情、意"（智识、情感、意欲）的三分之一。因此，哲学的意识研究团队将来可以与生理学与计算机的团队在此方向上展开合作。

此外，意识现象学对"意识"与"自身觉知"关系的研究也可以为人工智能研究提供一个新的思考方向，为构想和建造"有意识的人工智能"，即我们意义上的"自身觉知的人工智能"，提供理论准备。目前将脑信号转换为可理解的合成语音的工作，从总体上还只是将意念转换成它的语言表达式。这里所说的"意念"相当于意识哲学家所说的"意向性"。从脑信号到合成语音的转换，或可理解为从佛教所说的"现量"到"比量"的转换，也可以理解为从塞尔的"内秉意向性"到"派生意向性"的转换。"意识"与"自身觉知"的复杂关系则类似于佛教所说的"一念三千"，它们是否可能转换成语言表达式，在意识哲学与语言哲学中已经引发了长期的争论，现在更需要结合人工智能的研究进展进一步思考和讨论。

另一方面，意识研究与医学生理学的合作研究在一定程度和一定条件下也是可能的。仅以关于同情问题和镜像神经元问题的合作研究为例：在神经科学研究发现镜像神经元之前，现象学家如舍勒在《同情的本质与形式种种》[26]中，施泰因在《论同感问题》[27]中，就已经对同情（Sympathie）、同感

（Empathie）、同喜、同悲、怜悯、怅惋、恻隐、互感（Miteinanderfühlen）、情绪感染（Gefühlsansteckung）、同一感（Einsfühlung）等做出了意识哲学的分类研究。在发现镜像神经元之后，关于神经科学的发现与意识现象学的比较研究已经在开展之中，例如洛马尔（Dieter Lohmar）的研究"镜像神经元与主体间性现象学"[28]以及陈巍的研究[29][30][31]都是在此方向上进行的有效尝试。这些比较研究为理解各种类型的他人经验提供了新的视角和可能性。

　　意识哲学与人工智能的协同研究接下来在这两个方向的合作与共思，还会在浙江大学校内外以不断具体化的方式继续下去。

参考文献

[1] 丹尼尔·丹尼特. 心灵种种：对意识的探索 [M]. 罗军译. 上海：上海科学技术出版社，2010，序 1.

[2] 迈克斯·泰格马克. 生命 3.0：人工智能时代人类的进化与重生 [M]. 汪婕舒译. 杭州：浙江教育出版社，2018，375、374、396.

[3] 倪梁康. 自识与反思：近现代西方哲学的基本问题 [M]. 北京：商务印书馆，2004.

[4] Yao, Zhihua. *The Buddhist Theory of Self-Cognition* [M]. London:Routledge, 2005.

[5] 唐孝威. 意识论：意识问题的自然科学研究 [M]. 北京：高等教育出版社，2004，120-127.

[6] Cassirer, Ernst. *Philosophie der Symbolischen Formen 3* [M]. Darmstadt: Wissenschaftliche Buchgemeinschaft. 1954, 57.

[7] 大卫·查尔默斯. 有识的心灵：探寻一门基础理论 [M]. 北京：中国人民大学出版社，2013.

[8] Husserl, Edmund. *Logische Untersuchungen, I–II* [M]. Halle a.S.: Max Niemeyer, 1900/01.

[9] Freud, Sigmund. *Die Traumdeutung* [M]. Leizig und Wien: Franz Deuticke, 1900.

[10] Waldron, William S. *The Buddhist Unconscious–The Alaya-vijñana in the Context of Indian Buddhist Thought* [M]. London: Routledge Curzon, 2003.

[11] Gallagher, Shaun & Zahavi, Dan. *The Phenomenological Mind* [M]. London: Routledge Curzon, 2003.

[12] 塞尔. 心灵的再发现 [M]. 王巍译. 北京：中国人民大学出版社，2005，119.

[13] 胡塞尔. 内时间意识现象学讲座 [M]. 倪梁康译. 北京：商务印书馆，2014，188.

[14] [唐] 玄奘译. 成唯识论. 卷二 [M]. 金陵刻经处刻本，1896，18.

[15] 笛卡尔. 第一哲学沉思集 [M]. 庞景仁译，北京：商务印书馆，1986，398.

[16] 黑格尔. 哲学史讲演录. 第四卷 [M]. 贺麟、王太庆译. 北京：商务印书馆，1983，63.

[17] Ni, Liangkang. *Seinsglaube in der Phänomenologie Edmund Husserls* [M]. Dordrecht/Boston/

London: Kluwer Academic Publishers, 1999, 32ff., 189ff.

[18] 耿宁. 人生第一等事——王阳明及其后学论"致良知"[M]. 倪梁康译, 北京：商务印书馆, 2014, 195以下.

[19] 倪梁康. 现象学美学的起步——胡塞尔与盖格尔的思想关联 [J]. 同济大学学报, 2017 (03): 10−11.

[20] Anumanchipalli, Gopala K., Chartier, Josh & Chang, Edward F. 'Speech Synthesis From Neural Decoding of Spoken Sentences' [J]. *Nature*, 2019, 568: 493−498.

[21] Dreyfus, Hubert L. *What Computers Can't Do: A Critique of Artificial Reason* [M]. New York: Harper & Row, 1972.

[22] Dreyfus, Hubert L. *What Computers Still Can't Do: A Critique of Artificial Reason* [M]. Cambridge, MA: MIT Press, 1992.

[23] Gabriel, Markus. *Ich ist nicht Gehirn: Philosophie des Geistes für das 21. Jahrhundert* [M]. Berlin: Ullstein Buchverlage GmbH, 2015.

[24] Yorck von Wartenburg, Graf Paul. *Bewusstseinsstellung und Geschichte. Ein Fragment aus dem Philosophischen Nachlass* [M]. Tübingen: Max Niemeyer Verlag, 1956.

[25] Ebbinghaus, Hermann. *Einführung in die Probleme der allgemeinen Psychologie* [M]. Berlin: Verlag von Julius Springer, 1922, 71−101.

[26] Scheler, Max. *Zur Phänomenologie und Theorie der Sympathiegefühle und von Liebe und Hass* [M]. Halle a.S.: Verlag von Max Niemeyer, 1913.

[27] Stein, Edith. *Zum Problem der Einfühlung, Teil II−IV der unter dem Titel: Das Einfühlungsproblem in seiner historischen Entwicklung und in phänomenologischer Betrachtung* [M]. Halle: Buchdruckerei des Waisenhauses, 1917.

[28] D. 洛马尔. 镜像神经元与主体间性现象学[J]. 陈巍译. 世界哲学, 2007 (06): 82−87. ('Dieter Lohmar. Mirror Neurons and the Phenomenology of Intersubjectivity' [J]. *Phenomenology and the Cognitive Sciences*. 2006 (05): 5−16.)

[29] 陈巍. 神经现象学：整合脑与意识经验的认知科学哲学进路[M]. 北京：中国社会科学出版社, 2016.

[30] 陈巍、何静. 镜像神经元、同感与共享的多重交互主体性——加莱塞的现象学神经科学思想及其意义[J]. 浙江社会科学, 2017 (07): 92−98.

[31] 陈巍. 同感等于镜像化吗？——镜像神经元与现象学的理论兼容性及其争议[J]. 哲学研究, 2019 (06): 96−107.

人工智能的语境论范式探析

殷　杰　董佳蓉

20世纪50年代以来，以表征和计算为基础的人工智能理论，出现了符号主义、连接主义和行为主义三种主导范式。但经过50多年的跌宕起伏，仍未形成较为统一的理论范式。随着人工智能理论和应用的迅速发展，目前人工智能技术逐渐突破已有范式局限，开始趋向于逐步融合各种范式。然而，如何融合，以及在什么样的基础上融合，或者说融合的哲学基底应该是什么，这些尚未解决的难题，成为人工智能理论进一步发展的瓶颈所在。通过考察人工智能的发展历程，揭示其贯穿始终的鲜明的语境论特征，我们认为，语境论有望成为人工智能理论发展的新范式，语境问题的解决程度，决定了以表征和计算为基础的人工智能所能达到的智能水平。

一、人工智能语境论范式的形成

伴随对"语境"（context）的认识发生根本性变化，即从人们在语境中的所言、所作和所思，转变为以语境为框架，对这些所言、所作和所思进行解释，"语境论世界观"（contextualism as a world view）[1]逐渐显现在了自然科学和社会科学各个学科的发展中。当我们以这样一种具有普遍性的"语境论"思维来反思50年来人工智能理论的发展时，可以清晰地看到，实际上语境论观念内在于符号主义、连接主义和行为主义的发展中，并逐步成为当代技术背景下人工智能理论融合和发展的新范式。

1.符号主义中的语境论观念

物理符号系统假设认为，"符号是智能行动的根基"。[2]符号主义人工智能系统是一个具有句法结构的符号表述系统，在对所处理的任务进行表征的基础上构造相应的算法，使其可以在计算机硬件上得以实现。采用何种表征方式直接决定了相应可采取的计算方式，即表征决定计算。而同一表征可以由不同的算法来实现，算法描述与所表征的语义内容没有必然的对应关系。也就是说，在符号主义中，表征和计算是一对多的关系。因此，决定符号主义发展的主要是表征理论的变更。以表征为基础，可以看出，符号主义的各个发展阶段实际上体现出了从语形到语义，再到语用的特征。

人工智能领域主要关注，为了具有智能行为，符号系统应该如何组织知识或信息。因为信息必须能够以在计算机中运行的方式来表征。从根本上讲，计算机是一个形式处理系统，即便在语义和语用处理阶段，语形处理也是基础。因此，在人工智能领域，应根据计算机系统在组织和表征知识时对处理对象采用的表征原理和分析方法，来确定其体现出的语形、语义和语用特征。

受乔姆斯基的"有限状态语法"（finite-state grammar）、"短语结构语法"（phrase structure grammar）以及"转换生成语法"（transformational grammar）三种语法模式理论的影响，早期符号主义认为，计算机组织和表征知识时以语形分析方法为主，并以语形匹配为主要计算方式，从而完成指定的处理任务。因为任何领域的知识都是可形式化的，在任何范围内实施人工智能，方法显然都是找出与语境无关的元素和原理，并在这一理论分析的基础上建立形式化的符号表述。然而，基于语形处理的解题过程，并未确切掌握处理对象的概念语义，处理结果往往精确度不够，常常会出现大量语义不符的垃圾结果，或遗漏很多语义相同而语形不同的有用结果。

为了提高系统的智能水平，人们开始关注表征的语义性以及相关的语境因素。表征理论必须解决的首要问题，就是如何将语境中的语义信息通过语形方式表征出来。从20世纪70年代起，人们相继提出了语义网络、概念依存理论、格语法（case grammar）等语义表征理论，试图将句法与语义、语境相结合，逐步实现由语形处理向语义处理的转变。

但以词汇为核心的语义表征，所描述的内容都是词汇中各个语义组成部分固有的、本质的语义特征，同样与词汇所在语境无关，是一种以静态语义关系知识为主的语义表征，在动态交互过程中很难发挥应有的作用。也就是说，这种语义描写方式局限于对单句内固有场景的描述。这种静态语义表征无法根据语用的不同对词汇所描述的场景进行语用意义上的语境重构。所以，建立在这类语义表征理论之上的智能程度是极为有限的。

语用涉及语言的使用者即人的视角问题，针对同一个问题，不同的视角将产生不同的理解。因此，到了语用阶段，将会是一种站在语言使用者立场的动态语义表征。尤其在网络的动态交互语境中，每个网络用户（无论使用系统的人还是某个虚拟系统）都需要以某个视角或立场进入交互过程中。这就需要引入虚拟主体，使系统以某个视角或立场的主体地位来对交互过程中的问题加以考虑，在特定语境中，为达到特定的交流目的而进行相应的语用化处理。

正如维特根斯坦所指出的，语言的意义只有在具体使用过程中才能体现出来。主体的参与性以及不同主体使用语言的不同目的，是考察话语意义的前提。引入语用技术，消解了存在于语言中的歧义性、模糊性以及隐喻等问题。在这个意义上，将虚拟主体引入以语用为特征的动态语义表征过程，将是人工智能从语义阶段向语用阶段迈进的关键所在。借助于建立在语形和语义基础上的语用思想，可以实现更高层次的智能化服务。当然，在现阶段，语义表征问题尚未完全解决，语用研究的基础更为薄弱，向语用阶段迈进将是一个相对较长的过程。

2.连接主义中的语境论观念

连接主义认为，人工智能源于仿生学。以整体论的神经科学为指导，连接主义试图用计算机模拟神经元的相互作用，建构非概念的表述载体与内容，并以并行分布式处理、非线性映射以及学习能力见长。

在符号主义时代，连接主义的复兴是很多领域共同驱动的结果。不同领域的专家利用连接主义这一强大的计算工具，根据具体需要分别构建特定的网络计算结构。然而，在与连接主义相关的诸多领域，更多的是存在于这些研究中的不统一。研究目的与应用语境的不同，使连接主义缺乏与某个研究计划的相似性，更重要的是它似乎成为模拟某些现象的便利工具。[3]在不同的语境中，人们编写结构不同的连接主义程序，来满足特定语境下的应用需求。一旦语境范畴发生改变，该程序便失去原有的智能功能。这使得连接主义不具有符号主义的统一性，无法在统一的基础上开展研究。因此，直至今日，这一按照生物神经网络巨量并行分布方式构造的连接主义网络，并没有显示出人们所期望的聪明智慧。

知识表征一直是符号主义研究的核心问题。许多学者认为，连接主义独特的表征方式避免了知识表征带来的困难，可以通过模拟大脑的学习能力而不是心灵对世界的符号表征能力，来产生人工智能。作为对传统符号主义方法论的翻转，连接主义由计算开始，在比较复杂的网络中构建出对语境高度敏感的网络计算，并通过反复训练一个网络，来获得对一个任务的高层次理解，从而体现出一定的概念层次的特征。算法结构直接决定了连接主义程序是否可以体现出一定的概念，以及可以在何种程度上表征概念的内容，即计算决定表征。连接主义网络中没有与符号句法结构完全相似的东西。非独立表征的内容分布在网络的很多单元中，也许很难辨别一个特定单元执行的是什么内容。单元获取并传输激活值，导致了更大的共同激活模式，但这些单元模式并不按照句法结构来构成。并且，在连接主义系统中，程序和数据之间也没有清晰的区别。无论一个利用学习规则的网络是线性处理的还是被训练的，都会修改单元之间的权重。新权重的设置将决定网络中未来的激活过程，同时构成网络中的存储数据。此外，连接主义网络中也不存在明确的支配系统动态的表征规则。[3], p.153这些都表明，表征并不是连接主义的主要特征。不论是否含有语义内容，连接主义程序的运行结果都是由不断变化着的计算语境决定的。因此，计算语境是连接主义的一个主要特征，连接主义建立在计算语境上，从一开始便是以语境思维为基础的。

当然，不以符号的方式进行知识表征和没有知识表征是截然不同的两回事。正如H.德雷福斯（Hubert L. Dreyfus）所指出的那样，连接主义也不能完全逃避表征问题。因为计算机需要将那些对人来说是自然而然的东西用规则表征出来。而这并不比将人的知识和能力用符号主义系统表征出来更为容易。[4]连接主义虽然采取了不同的智能模拟形式，但它不可能直接处理人类思维中形式化的表征内容，无法模拟符号主义范式下已经出现的大部分有效的智能功能。这都为其发展带来了难以跨越的障碍。

总之，连接主义在计算语境的基础上构造算法结构并生成智能，一定程度上正面回答了智能系统如何从环境中自主学习的问题。然而，在连接主义的各个应用领域中，发展出如此多的神经网络模型，表明连接主义内部对如何模拟人类智能还没有形成统一的方法论认识。这不仅使连接主义和符号主义之间难以实现完全的信息交换，也使得连接主义内部各网络模型之间的交流很难进行。"作为交叉学科，连接主义缺乏特征上的统一，而寄期望于一个研究程序。""甚至在这些领域，如果重视由网络形成的不同用途，一个研究程序很大程度上也缺乏统一的特征。"[3], p.154这些都表明，连接主义研究还处于初级阶段。连接主义范式是从计算结构的角度对这种计算形式进行概括，而语境论范式则是对这种计算形式的本质特征进行概括。

3. 行为主义中的语境论观念

行为主义，更准确地说是基于行为的人工智能（Behavior Based Artificial Intelligence，BBAI），认为智能行为产生于主体与环境交互的过程，智能主体能以快速反馈替代传统人工智能中精确的数学模型，从而达到适应复杂、不确定和非结构化的客观环境的目的。复杂的系统可以从功能上分解成若干个简单的行为加以研究。在这些行为中，感知和动作可以紧密地耦合而不必引入抽象的全局表征，而人工智能则可以像人类智能一样逐步进化（因此也称为进化主义）。所以，行为主义的研究目标，是制造使用智能感官，在不断变化着的人类环境（Human Environments）中与外界环境发生相互作用的机器人。因此，它首先假设外界环境是动态的，这就避免了使机器人陷入无止境的运算之中。

　　行为主义的创始人布鲁克斯（R. Brooks）认为，生物产生智能行为需要外在世界以及系统意向性的非显式表征，大多数甚至是人类层次的行为，都是没有详细表征的、通过非常简单的机制对世界产生的一种反射。传统人工智能就失败在表征问题上。当机器人严格依赖通过感知和行为与真实世界互动的方式来获得智能时，它就不再依赖于表征了。他的智能机器人从不使用与传统人工智能表征相关的任何语义表示，既没有中央表征，也不存在一个中央系统。即使在局部，也没有传统人工智能那样的表征层次。[5]行为主义机器人的执行过程，最恰当地说，就是数字从一个进程传递到了另一个进程。但这也仅仅是着眼于可将数字看成某种解释的第一个进程和第二个进程所处的状态。布鲁克斯不喜欢将这样的东西称为表征，因为它们在太多的方面不同于标准的表征。也就是说，行为主义表征不具备符号主义那种标准的语形、语义以及语用特征。行为主义所面临的语境特征在本质上是一种计算语境。行为主义机器人的控制器超越了那种对环境的不完全的感觉表征，机器人在真实世界中的体现是控制器设计的主要成分。在这一方法中，物理机器人不再与问题不相关，而成为问题的中心。日常环境被包括进来而不是被消除掉。可见，行为主义的智能是根植于语境的。离开语境，行为主义机器人便表现不出任何智能特征。从这个意义来说，行为主义在本质上是语境论的。

　　从上述分析可以看出，无论是符号主义、连接主义还是行为主义，从根本上讲都是基于"语境"观念的。目前，在人工智能研究中，虽然新理论层出不穷，但涉及应用问题时大都局限于某个领域，与早期人工智能研究的整体性和普遍性相比，表现出明显的局部性特征。很多研究甚至是"玩具型问题"，不具备应用推广的条件。隐藏于这些表象之下的根本困境，就在于人工智能领域的常识问题，而常识问题的本质是语境问题。人工智能的实用性建立在归纳研究对象规律的基础之上。只有找到规律，才有可能编写适合在机器上运行的智能程序。然而，"无秩序（disorder）是语境论的绝对特征"[6]，由于无法用形式化的描述方式模拟"无秩序"这一人类语境的根本特征，人工智能不可能模拟相对全面的人类常识，只能局限于范围较小的专家系统开展研究。也就是说，从功能主义角度模拟人类认知特征，人工智能所能做的相当有限。所以，人工智能要想获得真正的突破，在相当长的一段时期内，研究的核心将是建立在形式系统之上的计算机应该如何处理各种各样的语境问题。正是在这个意义上，人工智能研究必须引入"语境"观念。

二、人工智能语境论范式的特征

语境论范式的最大特征，就是所有问题都围绕语境展开。无论在已有的三种范式下进行的研究，还是在三种范式交叉领域开展的研究，甚至后来出现各种新技术，关于智能模拟的核心问题，都是围绕语境展开的。而这些问题之所以无法继续深入研究，也都是由于无法解决所遇到的语境问题。这就要求以语境问题为核心，在更为本质的层面上着眼于人工智能未来的研究，为今后的研究工作提供研究纲领及方法论指导。

必须指出，这里提出的人工智能语境论范式，是通过继承已有范式理论的核心价值以及概括新技术、新问题，为解决当前人工智能学科所遇到的核心瓶颈问题而提出的新的研究框架。它不是某个局域层次的个别认识，而是对整个人工智能学科及相关学科实际发展过程得出的新概括。着眼于人类智能模拟问题，人工智能目前已经从早期的语形处理转向语义处理，并提出从语义网（The Semantic Web）向语用网（The Pragmatic Web）转向的互联网发展规划。在这里面，由于语言的任何层次都与语境相关，所以，各个层次的静态语境描写技术只是理解自然语言意义的起点与基础，关键是篇章级别及动态语境下的意义理解。而对动态语义的理解，实质就是"一种在实践中通过相互作用构成的模式"[7]，仅仅依靠计算语境还远远不够，它必然是以层次性为基础的静态表征语境与动态计算语境紧密耦合的结果。因此，人工智能语境论范式的关键就在于，如何在形式系统中，将建立在解构方法论基础上的层次性的静态表征语境向建构整体性的篇章语境扩张，并与动态性的计算语境相结合。这是人工智能语境论范式借以超越现有范式理论并且必须解决的核心问题。事实上，人工智能语境论范式的本质在于为人工智能研究提供新的认识论视角，"当我们谈到语境论，我们便由理论的分析类型进入合成类型（synthetic type）"。"语境论坚持认为变化展现事件"，[6], p.232 而且语境变化的"这种可能性是无限的"。[8] 在解构方法论基础上，要将"无秩序"的语境以形式化的方式表征出来，并实现动态语境中的语义理解，整体性的语境认识论便显得尤为重要。基于此，人工智能语境论明确认识到，形式系统之上的"语境"与真实的人类语境相比是相对有序的。这种相对有序是基于形式系统的计算机的本质属性，它不会因为引入语境论而达到人类对"无秩序"语境的认知程度。此外，人工智能的语境很大程度上是"先验"的。无论是表征语境还是计算语境，都是在认识现实世界规律性的基础上进行形式概括，预先以形式化的方式写入计算机系统。

因此，不论在什么范式下，人工智能的问题说到底还是表征和计算。所以，建立在现有范式之上的语境论范式，必然以表征语境和计算语境为主要特征。具体表现为：

（1）围绕表征的语境问题，对基于人类语言的高级智能进行模拟，使计算机具有一定程度的语义理解能力。这是语境论范式的一个主要特征。

本质上，计算机是一个形式系统，而形式系统所能表现出的智能程度，根本上由建立在表征和计算之上的功能模拟决定。对基于人类语言的高级智能进行模拟，必然要以已有的符号主义技术为基础，围绕语形、语义和语用相结合的语境描写技术，来让计算机对人类语言具有一定程度的语义理解能力。

　　对基于语言符号的人类思维进行模拟，从人工智能诞生之日起，就一直是智能模拟的核心问题。建立在形式系统之上的计算机，不可能具有意向性，也无法真正的理解人类语言的意义。计算机要想表现出类似于人类的智能，首先就要具有人类的常识。人们希望通过研究内容庞大的知识表征问题来解决计算机的常识问题。然而把常识阐述成基于形式描写的表征理论，远比人们设想的困难，绝不仅仅是一个为成千上万的事实编写目录的问题。威诺格拉德（T. Winograd）在对人工智能"失去信心"后，一针见血地指出："困难在于把那种确定哪些脚本、目标和策略是相关的以及它们怎样相互作用的常识背景形式化。"[2], p.351

　　在语境论范式下，对语形、语义和语用的处理，必须将要表征的常识形式化，转化为计算机可以实现的表征方式。人工智能之所以要关注表征方式的变革，关键在于，表征方式直接决定了计算机对语义内容的处理能力。无论是纯句法的表征，还是各种语义表征，甚至是语用表征，本质上都是形式表征。形式表征理论关注的是如何便于计算机进行推理或计算，从而提供更为恰当的结果。而结果是否恰当，关键在于语义，而不是语形。在语境论范式下，表征理论转换的实质意义在于，使计算机更好地处理表征的语义内容。只有建立在语形、语义和语用基础上的表征理论，才能更加接近人类自然语言的表征水平。

　　然而，同句法范畴比起来，语义范畴一直都不太容易形成比较统一的意见。"层级分类结构"（hierarchy）的适用范围、人类认知的多角度性及其造成的层级分类的主观性，导致了语义概念的不确定性、语义知识的相对性以及语义范畴的模糊性。而语义知识必须进行形式化处理的特征，决定了它需要对各种情境或场景进行形式化表征。事实上，对一个对象的语义描述，在语境发生变化时就不再适用。要建立完整的描述，就需要将其可能涉及的各个方面都考虑在内，但这是不可能的。因为我们不可能事先表述这一对象将会出现的所有语境，并且这种表述上的无度发展很快就会变得无法控制。因此，各种描述常识的表征理论要想具有实用性，必须针对特定领域构建相关的描述体系，并应用于特定的专家系统。

总之，在语境问题没有得到根本解决之前，不可能构建适用于所有日常领域的表征体系。专家系统实质上是对常识工程所面临的表征语境根本问题的回避。在相当长一段时期内，表征语境问题将是语境论范式必须解决的首要问题。为使计算机具有一定程度的语义理解能力，围绕表征语境展开研究将是语境论范式的一个主要特征。

（2）在计算语境方面，基于结构模拟和功能模拟的计算网络的智能水平，很大程度上是由计算语境决定的。围绕计算语境展开研究，将是语境论范式的又一重要特征。语境论范式是对已有范式的概括，其计算特征也源于已有的计算模式，并围绕计算语境问题展开。具体表现在：

首先，从语境论范式的角度审视连接主义，可以发现，连接主义计算中存在的根本问题，从网络结构设计、到对网络进行训练以及网络运行的整个过程，都是基于特定语境而展开的。但对特定语境的依赖使连接主义计算在应用上非常局限。

①由于连接主义计算的构造前提是基于特定语境的，也就是说连接主义程序的计算结构，是根据某一特定问题的需要而专门设计的，没有相对统一的结构模式，所以每遇到一类新的问题，就需要重新构建相应的计算结构。这使得连接主义程序很难在同一结构上同时实现处理多种智能任务的功能，已开发的程序不能被重复利用。这也是连接主义范式无法走向统一的症结所在。这一问题表明，每个连接主义程序都是局限在某个特定语境下的。如何使连接主义程序突破特定语境的限制，从而具有更强的适用性，是语境论范式迫切需要解决的问题。

②连接主义计算的学习能力是建立在特定语境中的归纳和概括之上的。

连接主义最大的优势就在于具有很强的学习能力。连接主义系统的智能程度不仅取决于系统结构，更取决于系统的训练程度。在这种训练过程中，程序按照某种类型的"学习规则"对权重不断进行调整。这种调整的实质，就是对所学到的知识进行某种意义上的归纳和概括，但这种归纳和概括只有按照设计者预先设计好的规则来进行，才能是合理的。一个系统需要花费大量的时间重复训练，才能归纳和概括出符合设计者期望的智能程度。而这种预设语境的问题和"学习规则"，实际上规定了连接主义计算只有在特定语境中获得的知识才是有意义的。

这种在特定语境中产生的学习能力，前提就是对要处理的任务对象进行分类，并在分类的基础上规定一个适用的语境范畴。但分类是一个主观认知的结果，具有不确定性。要把智能建立在某种以分类为前提的归纳和概括之上，必然会使所表现出的智能被这种相对固定的形式系统所束缚，失去本来的灵活性。在某种语境下适用的分类以及归纳、概括体系，在其他语境下往往会变得不适用。在某种预设和规定语境下建立起来的连接主义网络，决定了其不可能发现这种预设语境范畴之外可能存在的归纳和概括。而人类智能则可以在同一个大脑结构中对各种语境以恰当的方式进行分类、归纳和概括。因此，连接主义网络只能在预设的语境中获得智能，不可能在同一个结构中像人类智能那样适应各种语境并获得知识。

③连接主义程序对计算语境具有高度的语境敏感性。

以非线性大规模并行分布处理及多层次组合为特征，连接主义程序通过计算语境给出的数据进行训练。这种花费大量时间训练而成的程序，其智能程度不仅取决于系统构造，更取决于在特定语境下对系统进行的重复不断的训练程度。从上述分析可以看出，连接主义网络构造的前提，是将问题限制在某个特定领域。网络具有智能的基础，是按照某种学习规则进行归纳和概括。这就使连接主义程序的功能被限制在某个预设的语境之中，而不是任意的和无规律的语境。所以，程序的训练和运行过程，也必然被局限在这种预设的语境之中，根据计算语境的变化不断调整权重，从而表现出更为符合设计需要的智能功能。这体现出计算结果对计算语境的高度依赖。并且，如果计算语境的范畴发生改变，程序的计算结果就会毫无意义。这在一定程度上正面回答了智能系统如何从特定环境中自主学习的问题。因此说，连接主义对计算语境具有高度的敏感性。

以上特征说明，连接主义程序在设计、训练乃至运行的整个过程中，都是基于特定语境而展开的，计算语境在很大程度上决定了连接主义网络的智能水平。在这个意义上，连接主义在本质上是语境论的。

其次，用语境论范式的观点重新看待行为主义，可以得出，行为主义所表现出的智能功能是由计算语境决定的。离开语境，行为主义机器人就不可能表现出任何智能特征。

作为计算语境的另一典型应用，行为主义采取自下而上的研究策略，希望从相对独立的基本行为入手，逐步生成和突现某种智能行为。行为主义以真实世界作为智能研究的语境基础，构建具身化的计算模型，试图避开符号主义研究框架的认知瓶颈，从简单的规则中"突现"出某种程度的智能。

行为主义基于行为的主体框架，可以看作是连接主义和控制论在智能机器人领域的延伸，其智能系统能够体现出一定的生物行为的主动特性和与环境相应的自调整能力。因此，从本质上说，行为主义不仅继承了连接主义所有的语境特征，而且反过来对所处语境施加影响。在这种与真实语境的互动过程中，行为主义机器人表现出一定的智能特征。

然而，真实语境是动态变化的，行为主义机器人并不能适应全部的人类环境，其适应性是针对特定语境而言的。在基于行为的方法中，机器人通过不断地引用它的传感器来实现对人类环境的认知。这样，硬件技术必然会对机器人的认知活动构成限制。麻省理工学院研究人员爱德森格（Aaron Ladd Edsinger）指出："基于行为的方法在机器人操作中存在一个不足。目前以及在可预知的将来，传感器和驱动技术将强制一个机器人使用来自其自身和世界的不确定的、分解的观点去执行任务。同样，人类环境下的机器人操作将需要一套运算法则和方法去处理这种不确定性。基于行为的方法目前是作为这一难题的基本部分出现的。"[9]

可见，对真实计算语境整体性的把握以及适应性，是决定行为主义机器人智能程度的关键因素。离开计算语境，行为主义机器人就不可能表现出任何智能特征。但同时，我们也应该认识到，仅仅基于行为的智能研究，对于处理复杂的真实语境下的智能任务是远远不够的。布鲁克斯的研究成果使人们普遍产生误解，似乎以低智能为前提的反馈式的智能行为，可以逐步进化或突现出更为高级的智能形式。而实际上，反馈在智能形成机制中虽然起了重要作用，但不是全部作用。这是行为主义研究无法继续深入的根本所在。

总之，在人工智能学科领域提出语境论范式，不仅仅是提供某些具体方法，而是给出了一种新的"根据范式中隐含的技巧、价值和世界观进行思考和行动的问题"。[10]在人工智能语境论范式下，所有的研究都围绕表征语境和计算语境而展开。表征语境与计算语境相结合，将是语境论范式下人工智能发展的主要趋势。

三、人工智能语境论范式的意义

从人工智能范式的发展过程可以看到，符号主义范式从表征的角度对人类智能进行模拟，连接主义范式从计算的角度进行模拟，而行为主义则是在连接主义和控制论的基础上，试图从反馈式智能中进化或突现出更高级的智能形式。每种范式都从各自的角度出发，但随着研究的深入，都殊途同归地落在了语境问题上。因此，语境论范式的提出对于未来人工智能的发展具有重要的意义，主要表现为：

首先，人工智能领域出现的新理论和新技术，突破了现有范式理论的局限，围绕语境问题表现出很多新的特征。具体体现在：

（1）当前，符号主义建立在大规模数据库基础之上的智能研究，需要进行大量以统计为基础的数值计算。而传统的线性计算在一定程度上无法满足符号主义的这种应用需求，需要引入以非线性为特征的连接主义计算，来弥补符号主义在计算能力上的不足。随着技术的发展，连接主义程序逐步作为计算工具引入到符号主义系统中。这是一种将符号主义的表征优势与连接主义的计算优势结合起来，共同处理任务的新技术。这一新技术的出现，突破了原有的仅在符号主义或连接主义范式下研究问题的局限，实现了这两种范式在一定程度上的结合。然而，这种结合是建立在数据库统计基础之上的，具有很大的局限性。因此，将符号主义表征和连接主义计算在语境论范式下有机结合，将是语境论范式的一个重要趋势。

（2）连接主义在发展过程中，由于表征能力的不足，很多情况下无法对符号内容进行有效处理。为了弥补这种不足，研究人员对符号主义表征的语义内容按概念进行分类，再用连接主义结构以某种语义关系将其连接（即通常所说的语义神经网络），试图将对符号的处理融入连接主义中。然而，对语义进行分类本身就是一个主观认知的结果，具有不确定性。要把自然语言理解按分类方式用语义网络相连，必然会使语义被这种相对固定的形式系统所束缚，失去本来的灵活性。在一种情况下适用的分类体系，在另一种情况下往往就变得不适用。这种将符号主义的语义特征融入连接主义计算的做法，在一些情况下可能是适用的，但在更多的情况下，可能反而会使对语言的处理受到符号主义和连接主义双重规则的限制。并且，基于继承等关系建立的语义网络，不能体现人类语言使用过程中灵活的语境特征。因此，将符号主义表征融入连接主义计算，在现实中存在着很大困难。探索二者在语境论范式下融合的模式，将是未来人工智能研究的一个重要方向。

（3）行为主义采取的是自下而上的研究路径，用一种分解的观点来构造整个智能体系。而实际上，人类的认知活动无疑是整体性的。例如，我们在认知一个书架时，必然先对书架有一个整体的视觉感知，进而观察其细部特征。而基于行为的方法，则通过对视觉图片中的色彩值等进行对比，找到书架的某些关键点，进而通过这个点，像盲人摸象般利用触觉来感知一个面，然后才能对这个简单的书架产生一个并不完整的认知结果。在认知过程中，行为主义机器人将从语境中分别获得的处于分解状态的视觉与触觉等感知信息联合起来，才能对认知对象生成一个较为综合的认知结果。这种认知方法与人的整体性认知方式正好相反，成为行为主义发展过程中遇到的最大困难。

而对整体性语境的全面把握，正是自上而下的符号主义智能系统的优势所在。正如麻省理工学院的开创者明斯基（Marvin Minsky）曾经指出的，布鲁克斯拒绝让他的机器人结合传统的人工智能程序的控制能力，来处理诸如时间或物理实体这样的抽象范畴，这无疑使他的机器人毫无使用价值。[11]因此，如何将自下而上的行为主义与自上而下的符号主义系统相结合，突破现有的单一研究模式，研制表征语境和计算语境相结合的智能机器人，将是未来机器人研究取得功能性突破的有效途径。

从以上三点可以看出，第一，现有的范式理论已无法对人工智能的发展状况做出正确描述，急需要新的范式理论来对人工智能领域表现出的新特征和新趋势做出新的概括。在这种情况下，语境论范式从人工智能的核心问题入手，在总结现有范式理论重要特征的基础上，对人工智能的发展现状以及未来的发展趋势做出合理判断，并为人工智能的进一步发展提供理论依据。

第二，语境论范式将人工智能领域的语境问题区分为表征语境和计算语境。对这两种语境进行区分的意义在于，二者虽然都是语境问题，但在人工智能中，二者的特征以及运行机制并不相同。对表征语境的研究，以符号表征的语形、语义以及语用问题为核心，而计算语境则是影响程序计算结果的外部要素的总称，并不特别针对具体的符号表征问题。在语境论范式下，只有对这两种语境做出区分，才能更好地理解和把握人工智能范式发展的主要特征。

第三，在人工智能中，智能功能的实现是表征和计算共同作用的结果。作为状态描述的表征与作为过程描述的计算是密不可分的。因此，在语境论范式下，表征语境与计算语境也是密切相关的。它们将围绕智能模拟的语境问题逐步走向融合，各自的不足也只有在融合的过程中才能得到弥补。这种融合已不再是建立在已有范式之上的简单叠加，而是围绕人工智能的核心问题，即语境问题展开的。只有将表征语境与计算语境的优势相结合，才能从根本上解决当前人工智能面临的根本问题，而这也是语境论范式突破现有范式的关键所在。

综上所述，人工智能在发展过程中体现出了很强的语境论特征。语境论范式的提出，并不是对已有范式的否定，而是对已有范式在现阶段关注的核心问题的改变、表现出的新特征以及出现的新技术进行的一种全新概括，是对已有范式的提升。在语境论范式指导下，人工智能有望突破已有范式的局限，获得进一步的发展。

当然，并不是所有的人类思维都可以形式化，计算机在本质上是一个形式系统，不可能具有人类思维的所有特征，因而也不可能掌握人类那样的语义理解。我们理解语境论范式的基础，是人工智能技术本身所具有的语境论特征。但无论是哪种类型的语境论特征，都不可能具有真正的意向性。因此，即使在形式系统之上实现了表征语境与计算语境的有机统一，人工智能也不可能具有人类智能的本质特征。在现有的科学发展阶段，常识问题要从根本上得到解决，还需要经历漫长的探索历程。

参考文献

[1] Hayes, Steven C. et al. *Varieties of Scientific Contextualism* [M]. Reno,NV: Context Press, 1993, vii.

[2] 玛格丽特·A.博登. 人工智能哲学 [M]. 刘西瑞、王汉琦译，上海：上海译文出版社，2005，115.

[3] Wieskopf, Dan & Bechtel, William. *The Philosophy of Science: An Encyclopedia* [M]. New York: Routledge, 2006, 151.

[4] Dreyfus, H. L. *What Computers Can't Do: A Critique of Artificial Reason* [M] .New York: Harper, 1972 .

[5] Brooks, R. A. 'Intelligence without Representation' [J]. *Artificial Intelligence*, 1991 (47): 139−159.

[6] Pepper, Stephen C. *World Hypotheses: A Study in Evidence* [M]. California: University of California Press, 1970, 234.

[7] Duranti A. and Goodwin, C. (Eds.). Rethinking Context [M]. Cambridge: Cambridge University Press, 1992: 22.

[8] Rorty, Richard. *Objectivity, Relativism and Truth* [M]. Cambridge: Cambridge University Press, 1991, 94.

[9] Edsinger, Aaron Ladd. 'Robot Manipulation in Human Environments' [EB/OL]. http://people.csail.mit.edu/edsinger/index.htm. 2007-01-16.

[10] 加里·古延. 科学哲学指南 [M]. 成素梅、殷杰译. 上海：上海科技教育出版社，2006，511.

[11] 戴维·弗里德曼. 制脑者：制造堪与人脑匹敌的智能 [M]. 张陌、王芳博译. 北京：生活·读书·新知三联书店，2001，31.

"中文屋"若被升级为"日语屋"将如何？

——以主流人工智能技术对于身体感受的整合能力为切入点

徐英瑾

一、导论：从"中文屋"到"日语屋"

了解"人工智能哲学"（Philosophy of Artificial Intelligence）概况的读者，应该都知道美国哲学家塞尔的"中文屋"论证——根据他自己的说法，该论证尽管受人工智能专家珊克（Roger Schanker）的工作启发，但具有更宽泛的哲学意蕴。[1]具体而言，为了驳倒"强人工智能论题"，即"我们原则上可以造出具有真正心灵的计算机器"的说法，塞尔构想出了这样一个思想实验：塞尔本人被关在一个黑屋中，试图通过与屋外的中国人传递字条来诱骗后者相信他也懂汉语，但实际上他仅仅是根据屋中所存留的规则书来将特定的汉字组合递送给外界。尽管在外界看来，屋内人递送出来的"输出"语义是非常准确的，但是作为屋内人的塞尔自知：他依然不懂中文。塞尔由此指出：既然任何一台处理语言的计算机在结构与处理流程上都与"中文屋"类似，那么，任何一台计算机都不可能真懂人类语言。此外，由于具备懂得人类语言的可能性乃是"心灵"的一个重要属性,塞尔最后推出:计算机在原则上不可能具有人类的心灵。

学术史上驳斥"中文屋"论证的文献早已汗牛充栋,笔者本人也曾在别的地方质疑过塞尔论证的有效性。[2], pp.96-106然而,一个非常明显却始终被大多数评论者忽视的要点是:中文在塞尔的论证中所扮演的角色是非常"功能性"的,即塞尔只是借用"中文"指涉任何他不懂的语言。因此,从原则上说,"中文屋"也可以被替换为"阿拉伯语屋""日语屋",等等。不难想见,这种忽略各种自然语言各自特征的论辩思路,在一开始也为塞尔的论证预理了一个隐患,即他不可能注意到计算机在处理各种经验语言时可能遭遇的那些困难。毋宁说,塞尔只是抽象地假定这些困难总有一天可能被解决,并在这种假定的前提下去追问被适当编程的计算机是否可能理解语言。这种"扶手椅"(armchair)作风浓郁的论证方式,很难不将我们带向某种版本的二元论思想——根据这种二元论思想,"理解一种语言"竟然可以成为脱离具体语言交往行为的某种"神秘"事项。这种怀疑论显然使他的整个论证最终与人工智能的科学实践完全脱节,而成为一个纯粹关于心灵与语言之间关系的形而上学话题。

在本文中,笔者并不试图回应塞尔的原始论证,而试图通过改写相关的思想实验,让读者将注意力转向那些为塞尔所忽视的那些关于特定语言的经验问题。具体而言,笔者试图将原始的"中文屋"思想实验改写为"日语屋"思想实验——一个不懂日语的人(比如塞尔自己)被关在屋内,试图通过关于日语能力的图灵测验——并在这种改写的基础上,质问现有的自然处理系统是否能够把握日语的一个关键性特征:对说话者主观身体感受的高度敏感性。之所以选择日语(而不是笔者的母语中文)作为聚焦的语言,是出于如下考量:相比中文而言,"对说话者身体感受的高度敏感性"这一特征在日语中更为明显,而这一特征本身对于我们把握"语言理解"与"具身性"之间的关系又具有非常特殊的意义。而本文试图论证的观点则是:现有的人工智能技术尚且无法把握"对说话者主观身体感受的高度敏感性"这一日语现象——而之所以如此，根本原因乃是现有的人工智能技术并没有在真正的意义上将"计算"与"具身性"（embodiment）结合在一起。

二、日语言说者对具身性的敏感性

我们知道，要让"日语屋"中的塞尔通过关于日语能力的"图灵测验"，他所给出的日语表达式就必须尽量"地道"，而不仅仅是在词汇与语法上符合日语教材的要求。不过，要做到"地道"，恐怕并不容易。譬如，日本语言学家池上嘉彦、守屋三千代在提到"地道的日语"与外国人所说的"不地道的日语"之间的区别时，就举出了这样两个例子[3]：

表1　"地道的日语"与"不地道的日语"的对照表

不地道的日语表达	中文直译	地道的日语表达	中文直译
（1）あなたは日本の方ですか。	你是日本人吗？	（1´）日本の方ですか。	是日本人吗？
（2）私は日本語の学生です。	我是学日语的学生。	（2´）日本語の学生です。	是学日语的学生。

很明显，从上表来看，恰当省略主语（如"あなた""私"）乃是"地道的日语"的一个明显特征。关于此种现象，长期在加拿大从事日语教学与跨文化研究的金谷武洋亦曾以英－日比较为契机，给出了更多相关的案例（见表2，其中中文译文由笔者补足）。[4]不难想见，正是因为中文以及英文对代词的省略没有日语中那么普遍，中国学生与英美国家的学生在学习日语时就会不自觉地"补足"日语中的人称代词，由此造成"不地道的日语"表达。

表2　一些省略主语的典型日语表达

典型英语表达	典型日语表达	对于典型日语表达的中文直译
I have money.	お金がある。	有钱。
I have a son.	息子がいる。	有儿子。

典型英语表达	典型日语表达	对于典型日语表达的中文直译
I want this house.	この家ほしい。	要这个家。
I want to see this.	これが見たい。	想见这个。
I understand Chinese.	中国語が分かる。	懂中国话。
I need time.	時間が要る。	需要时间。
I see Mt. Fuji.	富士山が見える。	看见富士山。
I hear a voice.	聲が聞こえる。	听到人声。
I like this city.	この町が好きだ。	喜欢这城。
I hate cigarettes.	煙草が大嫌いだ。	讨厌香烟。

　　那么，为何日语言说者喜欢省略主语呢？关于这个问题，日本学界既有一种"现象学解释"，也有一种"认知科学解释"。在"现象学解释"的支持者池上嘉彦、守屋三千代看来，以日语为母语者本来就有"在语言中忠实描述所视之现象"的习惯——既然从"我"的视角出发，"我"自己的身体是看不到的，因此，对"我"的表达就成为不必要的了（所以在表1例句（2*）中没有出现"私"）[3], pp.47-49。至于为何在例句（1*）中连第二人称"あなた"（"你"）也省略了，二位学者的解释是：纵然就（1*）所涉及的情况而言，听话者是出现在说话者的视野之中的，但是根据语境，说话者显然是将听话者作为共同的谈话伙伴来看待的，而在这种情况下，为了表示二者之间的亲密共存关系，"你"往往就被省略了[3], p.50。同样持"现象学解释"立场的金谷武洋则使用了"虫子的视角"和"上帝的视角"这一对比喻性的说法，进一步说明了日语思维与英语思维之间的区别。在他看来，镶嵌在英语思维中的"上帝的视角"预设了一个本身不动的时空坐标系，任何变动只有依赖于它才能够得到意义。至于"虫子的视角"，则采用了一种观察者合一的新颖坐标系：根据这种坐标系，主人公视角的变动将自然地连带观察者视角的变动——除此之外，没有什么东西是绝对不动的。为了具体地说明这一理论，他特别引用了诺贝尔文学奖获得者川端康成（1899—1972）的名著《雪国》

开头一句话作为例证："国境の**長い**トンネルを抜けると雪国であった"（中译：穿过县界长长的隧道，便是雪国），这显然就是一个无主语的句子。若硬要将此句译为英语，英译者就将不得不在译文中安上一个主语，譬如这种译法："The train came out of the long tunnel into the snow country."（火车开出长长的隧道，驶入了雪国。）主语"火车"显然是日文原文中没有的。不难看出，日文原文和英文译文会带给读者不同的身体体验。借用电影术语来说，日语原文给出的是一个从主人公视角出发的"主观镜头"（由此，读者和主人公一样体验到了脚下的火车驶入雪国的场景），而英文译文给出的则是一个从旁观者视角出发的"长镜头"（由此，读者观察到了载着主人公的火车驶入雪国）。很显然，只有"主观镜头"所代表的那种身体感受，才契合金谷氏所说的"虫子的视角"[4], pp.27-31。

　　对同一现象提出"认知科学解释"的，则是日本东京电机大学工学部教授月本洋教授[5]。通过对说日语的被试者与说英语的被试者的大脑做核磁共振成像研究，他指出：以日语为母语者之所以倾向于不使用主语，乃是因为其与语言表述相关的大脑信息传播回路与英语言说者不同。具体而言，"日语脑"的信息加工回路是这样的：发声区被激活后，处于左半球的听觉区通过听取元音音素而被激活，并将刺激信号传导向与之毗邻的语言区。由于听觉区紧挨着语言区，所以，听觉区所获得的资讯结构就非常容易被投射到语言结构上，不会因为别的信息加工单位介入而失真。这就造成了所谓的"认知结构与言语结构在日语脑中的同构化"。与之相比，"英语脑"的信息加工回路则是这样的：发声区被激活后，处于右半球的听觉区就通过听取元音音素而被激活，并将刺激信号传导向处于左半球的语言区（这里需要注意的是，虽然人脑左右半球都有听觉区，但根据月本氏的研究，日语脑与英语脑获取母音信息的听觉区位置却是彼此相反的：前者在左半球，后者在右半球）。恰恰因为这样的传播路径要经过"英语脑"两个半球之间的胼胝体，就造成了几十毫秒的时间空白，由此为毗邻右半球听觉区、负责"主、客表征分离"的脑区（下头顶叶与上侧头沟）提供了介入的机会（参见图1）。此类介入的

最终结果，便是作为被陈述对象并统摄动词的主语频繁出现，以及英语中常见的主—谓—宾结构出现。[5], p.193

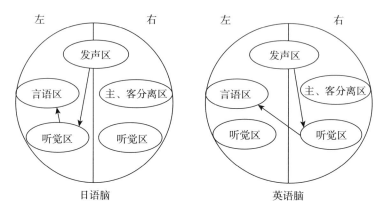

图1　月本洋所描绘的"日语脑"与"英语脑"的信息加工路线之间的差异

不难看出，对于日语中经常省略主语这一现象，"现象学解释"与"认知科学解释"虽然角度不同，但显然都涉及言语活动与"具身性"的关联。具体而言，从现象学的角度看，日语的语言结构是对身体感受外部环境的具体方式直接编码；而从认知科学的角度看，日语的语言结构是对"日语脑"内部信息传播路径的某种反映。这也就是说，如果一个并非以日语为母语的人试图学会地道的日语，那么，从现象学的角度看，他必须尽量按照日语言说者的方式去体验世界（譬如，尽量搁置"上帝的视角"而从"虫子的视角"去体察现象）；从认知科学的角度看，他就必须训练自己左半球的听觉区获取元音信息的能力，并通过这种训练重塑大脑的信息传播回路。

但对于被关在"日语屋"中的塞尔来说，做到以上这些几乎都是不可能的。人工智能哲学家瓦拉赫（Wendell Wallach）与艾伦（Colin Allen）就曾尖锐地指出，塞尔的整个思想实验都是基于一个错误的预设：语言信息的处理系统可以在高度"不具身"（disembodied）的情况下，通过关于特定语言能力的图灵测验。[6]这也就是说，在塞尔看来，只要关于汉语与日语的规则书足够强大，关在屋内的他既不用感受到真正的日语言说者所感受到的，也不用具有真正的日语言说者所具有的脑内信息处理回路——他所需要做的，就是根据规则书的指导，在遇到特定的日文表达式时，从装着所有日语汉字、平假名与片假名的"字符筐"中找到特定的日文表达式组合，然后从"日语屋"的窗口将这样的结果递送出去。但这里的核心问题是：从学理上看，可能存在着这样的规则书吗？

在笔者看来，这样的规则书只是塞尔臆想的产物而已，不可能真正编制出来。请注意塞尔思想实验语境中的"规则书"与我们一般意义上的"算法"（algorithm）之间的联系和差异。众所周知，"算法"泛指任何一个能够在有限的时空中按照确定且有限的步骤计算一个函数的值的方法，而这种算法的执行在原则上必须被兑现为"从万能图灵机的初始状态进展到其终止状态"这一过程。很显然，当视觉科学家玛尔（David Marr）试图描述人类视觉工作机制的算法模型时，[7]他并不怀疑人类感官系统的运作也是可以在上述意义上被"算法化"的。与之相比，在塞尔的语境中，"规则书"主要是指从输入的语言符号到输出的语言符号之间的映射机制，基本与感官无涉（因此，这样的"规则书"就只能成为关于语言符号的算法，而无法成为关于感官的算法）。由此导致的结果是：关在屋内的塞尔既看不到屋外人所看到的，也听不到任何一个元音或者辅音。而这一点在日常日语会话中却会造成致命的问题：当接话人无法直接看到——甚至无法在想象中看到——提问人的情况下，他该怎么判断**"日本の方ですか"**（"是日本人吗？"）这个句子的隐蔽主语究竟是**"あなた"**（你）还是别的什么人？

有人或许会说，为了摆脱这种窘境，规则书的编制人在遇到此类"主语不明"的情况下，不妨再让系统执行一条附加命令："向屋外人递出如下字条：'あなたは誰について話していますか'（你说的是谁）"，并根据对方的回答来补足缺省的主语。但在笔者看来，这样的"小聪明"并不真的行得通，因为这样的提问，反而会使得屋外人开始怀疑屋内人的日语能力，由此使得后者无法通过关于日语能力的图灵测验（因为"日语能力"本身就包含了说话者对非语言环境信息的提取能力）。

有人或许还会说，我们完全可以这样升级"日语屋"来使屋内人最终通过图灵测验：甲、给屋内人提供摄像头，使其与屋外人分享至少某个感官通道上的感觉体验，甚至给整个"日语屋"安置行动装置，使其"机器人化"；乙、重写规则书，使玛尔等视觉科学家关于感官的算法化研究成果可以整合到对语言符号的处理中去；丙、沿着月本洋的研究思路，将日语言说者思维的所有神经回路都搞清楚，最后也将这样的研究成果整合到规则书中去。

从学术史的角度看，上面的提议甲与乙，其实正好对应西方学界对原始版本的"中文屋"论证的"机器人应答"，而提议丙则对应西方学界对原始版本的"中文屋"论证的"模仿大脑应答"。[1], pp.449-457不过，本文并不试图借机讨论"机器人应答"与"模仿大脑应答"是否真能对塞尔本人的论证构成威胁——正如本文一开始指出的，本文关心的乃是"中文屋"或"日语屋"思想实验所牵涉的一些经验问题，而不是形而上学问题。为了讨论方便，在下一节中，笔者将预设"日语屋"的"感官化升级"在原则上的确能够帮助屋内人通过图灵测验，由此将关注点转向一个对于研究自然语言处理过程更具指导性的问题：我们如何将身体性感受与语言符号的运作整合到同一部规则书之中去？

而之所以需要提出这样的问题，是因为在笔者看来，至少就目前主流的计算机技术而言，按照前述提议去升级"日语屋"，并不是一件轻而易举的事（尽管这种"升级"的抽象的可能性始终是存在的）。说得更直接一点，现有的人工智能技术并没有一个将具身性感受与符号编程完美融合的技术路径。因此，"日语屋"思想实验纵然没有在先验的意义上对作为哲学论题的"强人工智能论题"构成威胁，也至少在经验层面严厉质问了主流人工智能技术。

三、主流人工智能的自然语言处理技术为何处理不了具身性？

首先需要指出的是，在抽象的哲学层面上意识到"具身性"之重要性的人工智能专家，并不乏其人。譬如，人工智能专家罗德尼·布鲁克斯

（Rodney Brooks）就曾指出："世界就是认知系统所能够具有的最好的模型"，并说"这里的诀窍就是要让系统以恰当之方式感知世界，而这一点常常就足够了"。[8]不过，布鲁克斯对于感知的强调，并没有引导他给出一条在自然语言处理的领域内处理具身性问题的可行道路，因为布氏的具体工作模型——所谓的"包容构架"[9]——最多只能模仿昆虫等低级动物的行为模式，而无法覆盖以语言活动为代表的高级认知活动。

相对而言，目前在自然语言处理的领域内最为接近"具身化"思路的技术进路，是由人工神经元网络技术提供的（顺便说一句，考虑到目下如火如荼的"深度学习"技术只是神经元网络技术的升级版，本文还是倾向于用"神经元网络"兼指"深度学习"）。非常粗略地说，神经元网络技术的实质就是利用统计学的方法，在某个层面模拟人脑神经元网络的工作方式，设置多层彼此连接成网络的计算单位，逐层对输入材料进行信息加工，最终输出某种带有更高层面的语义属性的计算结果。至于这样的计算结果是否符合人类用户的需要，则取决于人类编程员如何用训练样本与反馈算法去调整既有网络各个计算单位之间的权重（参见图2）。而与传统神经元网络相比，"深

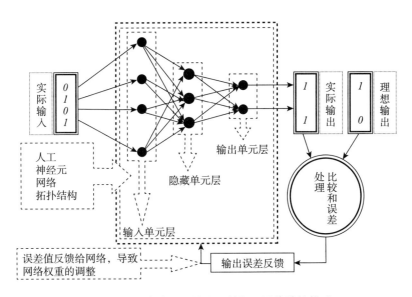

图2　一个被高度简化的人工神经元网络结构模型

度学习"的计算单位层数有数量级上的提升，全网的反馈算法在计算复杂性上也有极大的提升——因此，其整体的技术性能也明显优于传统的神经元网络技术。

不过，尽管神经元网络技术的工作原理的确具有某种意义上的"类脑性"并至少与"具身性"产生了间接意义上的关联，但若我们从金谷武洋的立场去审视该技术，我们就会发现，它依然是一种体现"上帝的视角"的技术进路，而无法为日语言说者所偏好的"虫子的视角"进行有效的信息编码。现在，笔者就以此类技术对语言中的"文本衍推"（textual entailment）关系的处理方案为例，详细说明这一判断[10]。

"文本衍推"指的是通常人都有（理想的自然语言处理系统也应当具有的）一种能力：从像"两个医生在给病人做手术"这样的句子，合格的说话人能够推出"有医生在给病人做手术"，并知道原始句子与下一个句子"两个医生在吃汉堡包"所描述的情况相互矛盾。对于基于逻辑符号的传统人工智能进路来说，要具备这种"文本衍推"能力是颇为不易的，因为从形式逻辑的角度看，除非预先给系统输入"任何人在吃汉堡包时都无法做手术"这一"框架公理"，系统是无法从"两个医生在给病人做手术"为真推出"两个医生在吃汉堡包"为假的（不幸的是，大量预先编制此类框架公理，显然会带来巨量的工作负担）。与之相比，作为一种统计学技术的人工神经元网络技术貌似能够更好地处理这一问题。其具体的处理思路是：设立一个巨大的数据集——比如所谓的SNLI系统[11]——而这样的数据集将包含大量人类手写的成对句子，其中每对句子都有"衍推关系"或者"互相矛盾"等注脚。而神经元网络构造者的任务，便是将这样的数据集作为训练样本，让系统能够自动为这些零散的句子中每两个成对的句子之间的关系进行归类——比如将某两个成对的句子之间的关系归类为"衍推"或"矛盾"，等等。由于构造者事先知道训练样本中各对句子的真实标注，所以，当系统给出的标注与真实标注产生差异时，构造者就会让反馈算法自行启动，以便让系统逐层调整网中各人工神经元之间的信息传播路径的权重，由此逐步学会给出正确的权重分布。而在完成此番训练之后，即使新遇到的成对句子是原来训练语料库范围之外的，系统也有很大的概率给出正确的关系标注词。

而之所以说这种工作流程依然体现了金谷氏所说的"上帝的视角"，乃是基于两点考虑：第一，运用上述技术流程的要求过多——这里的"多"，显然是指训练样本集的巨大体量（譬如，SNLI就有570,000对英文句子）——为"虫子的视角"的拥有者所难以负担，而人类（特别是0—3岁的婴幼儿）显然可以在以"刺激贫乏"（the poverty of stimuli）为特征的母语学习环境中学会句子之间的衍推或矛盾关系。第二，从另一个角度看，这样的技术却又要求太"少"。譬如，其训练样本库根本没有涉及任何一个句例背后的身体感受。毋宁说，SNLI的构建人只在构建该数据库时，间接涉及了人类的感受（比如给人类被试者展示一幅医生动手术的画面，让他们凭借直觉说出一句该画面所蕴含的句子，或与画面相冲突的句子，然后采集这样的句例），而在句例库形成后，系统本身的运作便与这样的人类感受脱节了。

现在再将讨论带回"日语屋"。不难想见，由于基于SNLI数据库的神经元网络模型处理的主要是英语句例，因此，一些在日语中更需要身体感受加以"意义充盈"的语例，或许会给此类技术带来更大的麻烦。譬如这样的句例：

"やはり山本先生は中国語も上手ですね。"（山本老师果然连汉语也拿手啊！）

现在假设被幽闭在"日语屋"中的塞尔已经读到了这样的句子，而他也正根据基于神经元网络技术的某种算法系统，试图回应这样的句子。但麻烦的是，对于输入的语句，现有的神经元网络技术没有办法真正区分如下两种不同的解读：

解读一："山本先生"指的是屋内人与屋外人之外的某个人。若用英文来翻译，相应的表达应当是："(As I suspected), Prof. Yamamoto is really also good at Chinese!"。

解读二："山本先生"指的就是屋内人。因此，若用英文来翻译，相应的表达应当是："Prof. Yamamoto, (as I suspected), you are really also good at Chinese!"。

"解读二"之所以在日语语境中是可能的，乃是因为在等级制度严密的日本文化中，下级对上级说话时常用"对方姓氏+对方头衔"的结构，以便向对方提示自身对相关等级制度的默认（顺便说一句，"先生"在日语中一般指老师、医生、律师、议员等有知识、有权力的人。这一指称习惯在中国吴语区方言中也有保留）。需要注意的是，这种对身份关系的提示，并未对金谷氏基于"虫子的视角"构建的理论模型构成反例，因为在上下级关系明确的语境下，从下级视角出发，固然看不到从上级视角出发所看到的东西，却完全可以对上级视角自身的存在进行标注以显示自己的卑微——要做到这一点，恐怕没有什么办法比运用"对方姓氏+对方头衔"的结构显得更自然了。一个可以与之类比的语用案例，则来自日语教育专家牧野成一与筒井通雄对于"様"（读"sama"）这个敬语词的解释。[12]二位专家指出，"様"的本义就是"样子"或"表象"，因此，"对方姓氏+様"的结构就表达了"卑微的我只能看到您的表象，而实在看不到您的内心"的含义。此外，与"姓氏+先生"的结构一样，"姓氏+様"的结构也可以根据语境用以指涉谈话伙伴之外的另一个人——只要被涉及对象的社会等级的确高于说话人。换言之，对"先生"与"様"的运用，都可能造成指称歧义。

不难想见，上述歧义性的存在，会给一个基于神经元网络技术的"文本衍推"系统的运作构成莫大的困扰。具体而言，"やはり山本先生は中国語も上手ですね。"这个句子本身是脱离语境信息的，因此，从句子的表面形式出发，系统无从知道"山本先生"指的是谈话伙伴之外的另外一个人，还是谈话伙伴中的某个人（这里要注意的是，日语中的谓述动词并不编码关于人称的任何信息，这一点与汉语类似）。而这种含糊性，自然会导致"解读一"与"解读二"各自具有不同的"衍推属性"——譬如，从屋内人"我"的角度看，"解读一"是推不出"我曾经学过汉语"的，而"解读二"却可以推出这一点。换言之，除非让屋内人知道自己就是"山本先生"，否则在说话人意指的真实意思就是"解释二"的前提下，屋内人很可能无法通过关于日语能力的图灵测验。

那么，如何让屋内人知道"山本先生"就是指涉自己呢？先验地在规则书中规定"山本先生"可以与"我"互换吗？抛开世界上肯定存在别的"山本先生"这一点不谈，如果屋外的谈话者换了一个人，而这个人又自以为其社会地位要高于"山本先生"，前述先验规定不就作废了吗？（很显然，在这种情况下，他很可能会放弃"山本先生"这个提法而换用"山本**さん**"或"山本君"等新提法。）如果他自以为与屋内人很亲密，又走上前面提到的那条"彻底省略主语"的老路（由此给出的句子便是"**やはり**中国**語が**上手**ですね。**"），系统又该如何应对呢？

笔者认为，现有的基于神经元网络技术的自然语言处理系统在原则上便是无法处理这些难题的。对于人类言说者而言，消除语句歧义的最佳方式，便是通过身体感受与相关的社会学知识来调节说话人的视角，并推测他人的视角，由此完成对句义的精确加工。然而，正如前文已经展现的，目前的神经元网络技术只能根据现成的语例库对系统进行训练，而无法追溯这些使得语例得以形成的身体现象学与社会学背景，遑论让机器自己具有此类背景。更麻烦的是，由于任何既有的成熟的神经元网络对于单一任务的专有性（譬如，专长于"衍推关系"的网络一旦被训练好，就无法用于人脸识别，反之亦然），我们现在还不知道如何在工程学上将牵涉人类会话的各个环节（特别是牵涉身体感受的语用学环节）的专用神经元网络全部包容在一个超级神经元网络中。而且，如果真的存在这样的超级神经元网络，其所消耗的计算资源可能会在数量级上超过曾经打败李世石与柯杰的"阿尔法狗"——因为此类超级架构对于语言表达式在高维度矢量空间中的表征将具有非常惊人的数学复杂性。若庄子再世，他或许也会用这样的话来揭示此类自然语言处理路径不可行："以有涯（的计算资源）追无涯（的语词矢量空间表征），殆已"。

结语：敢问路在何方？

从上面的讨论来看，仅仅为"日语屋"加上一个能够接受非语言信号的身体，我们依然不能帮助屋内的塞尔通过图灵测验，因为我们还需要找到一条新的技术路径，以比较节省计算资源的方式来表征身体的现象感受，否则，我们就无法将高阶层的语言符号处理方案与低阶层的感官信息处理方案在同一个平台中予以整合。不过，这样的新技术路径到底是什么呢？

从哲学史的角度看，以一种接近于"可编程的方式"（采用所谓的"逻辑斯蒂语言"），为现象感受"量身定做"一套表征方式的想法，在卡尔纳普[13]与处于"思想转型期"的维特根斯坦那里都有清楚的体现。[14]然而，众所周知，卡尔纳普与维特根斯坦出于各自的考虑，后来又都放弃了这样的努力。而在现代语言学的领域内，与"身体感知"最亲和的研究思路，则由认知语言学（cognitive linguistics）提供（前文提到的池上嘉彦，便是认知语言学运动在日语世界的领军人物）。非常粗略地说，典型的认知语言学家都试图通过"认知图式"（cognitive schema）这个准现象学概念[15]来模糊"句法"与"语义"之间的界限，并通过对此类图式的"可视化"操作来将其奠基于语言言说者活生生的体验之中。譬如，在讨论日语中类似时间介词的表述"まで"与"までに"（二者都可以译为英文中的"until"）的区别时，王忻先生便采用了认知语言学研究方法，[16]诉诸两个表达背后的认知图式之间的区别：具体而言，对于"まで"而言，与其配套的动作的时间终止点乃是模糊的，因此，表述这种动作的谓述动词应当具有"している"的词尾（大致相当于英语动词的-ing形式）；而对于"までに"而言，与其配套的动作的时间终止点却是清晰的，因此，表述这种动作的谓述动词就应当具有"した"或"する"这样的词尾（大致相当于英语中的过去式与完成式）。因此，在他看来，如果日语学习者对特定介词所牵涉的整个时空图式缺乏预先把握，那么，他们就非常容易在应当运用"までに"的地方去用"まで"，由此构成"不

自然的"日语表达。[16], p.145

　　认知语言学家的上述见解，无疑是对日语言说者的言说体会进行理论抽象后的结果，因此具有很强的经验说明力。然而，习惯于形式刻画手段的自然语言处理专家，或许会质疑上述说明方式的"可工程化"或"可编程化"。而就笔者所知，在东亚语言研究的范围内，沟通认知语言学的现象学直观与"可编程化"的案例，乃是由计算语言学家袁毓林先生提供的。[17], pp.342-374具体而言，袁先生分析了诸如"满桌子糖果""满桌子的糖果""满桌子是糖果"之类表达式中"满"这个汉字背后的认知图式，并认为该容器图式包含了一个明显的"容器隐喻"：具体而言，在"满+NP1+（的/是+）NP2"这样的结构中，"NP1"就表示了一个作为容器的对象（如"满桌子糖果"中的"桌子"），而"NP2"就表示了一个作为容器之内容的对象（如"满桌子糖果"中的"糖果"）。由此，袁毓林给出了对"满+NP1+（的/是+）NP2"这种结构的初步定义（为了方便读者阅读，下面的转述没有完全使用形式语言）：

　　"满+NP1+（的/是+）NP2"这样的表达成立，当且仅当：

　　甲、"NP1"是一个容器；"NP2"是一个容器内容；"NP1"在"NP2"之中；

　　乙、对于至少一个对象y与所有对象x来说，若"x在y中"成立，则x即NP1，y即NP2。

　　然而，袁毓林先生立即意识到这样无法刻画出"桌子上有糖果"与"满桌子糖果"这两个表述之间的区别，于是立即进行了补充。补充的要点是：将作为容器的"桌子"分为很多亚空间，并尽量保证每一个作为亚空间的"亚容器"也能够承载作为"内容"的糖果（篇幅所限，下面就不再介绍袁先生对"满"的认知图式更复杂的刻画方式了）。

　　不过，笔者对袁先生的整个刻画思路是否可实行依然有所怀疑。在笔者看来，袁先生刻画思路的核心，便是将一阶谓词逻辑语言的刻画手段与认知语言学的"认知图式"理论互相折中，而进行这种折中的诀窍，则是将认知图式中最难被外延化的部分——如"容器""内容""在……之中"这些隐喻化表达——全部处理为系统的元语言中的基本谓词。这样的刻画固然能够在某些层面上有限地把握相关认知图式的拓扑学结构，但因为相关的基本谓词不可定义，整个表达式的语义依然处在暧昧之中。同时，针对"满"而使用的这些基本谓词是否还适用于别的汉语表达式，以及关于这些基本谓词本身我们是否有一个基本的列表，袁先生都没有给出系统的说明。

说到这一步，读者难免会产生这样一种印象：认知语言学的思维手段固然可以为我们构建"日语屋"的感知层面与符号层面之间的通道提供某种便利，但只要我们不彻底革新组织表征的基本技术手段，此类便利依然会由于来自旧技术的思维惯性而被无情地抵消。而依笔者浅见，若要真心进行这种革新，我们就必须批判性地反思一个始终困扰着符号主义路径与连接主义路径（"人工神经元网络技术"的别称）的基本哲学前提：关于待处理的语言事项，系统必须具备充分或接近充分的知识，才能够有效地运作（具体而言，前一节提到的SNLI语料库，便包含了对"英语言说者所能想到的大多数成对句例之间的内部关系"接近于完整的知识，而袁毓林对于"满"的刻画方案，在原则上也要求我们先期具备一张关于所有图式关系牵涉的基本联结要素的范畴表）。这个哲学前提之所以需要被批判，乃是因为：这样强的要求一方面将迫使编程者将自己装扮为全知的神（并因此让系统时刻面临因为遭遇到事先未被"伪神"预料到的语用案例而"停摆"的风险），另一方面也将极大地提高系统运作的计算成本（实际上，此类成本问题不仅会困扰神经元网络系统，甚至也会困扰符号主义进路——正如我们所看到的，袁毓林对于"满"的语义解释是非常笨拙的，遑论他对更为复杂的汉语隐喻方式的刻画）。换言之，主流人工智能学界对系统运作所依赖的充分知识的预设，既无法说明为何人类能够基于更少的信息量有效地学习语言，更无法在这种说明的辅助下，将这一机制算法化。

不过，主流计算机理论对于"身-符"界面刻画的无能，并不意味着我们已经无路可走了。实际上，在目前尚未成为主流的计算机路径库中，的确存在一些"利器"具有帮助塞尔走出"日语屋"的潜力。这里特别需要提到的一个技术路径，便是与笔者长期保持合作关系的美国天普大学（Temple University）的计算机科学家王培先生发明的"非公理推理系统"或"纳思系统"①。[18]大体而言，"纳思系统"乃是一个具有通用用途的计算机推理系统，而且在如下意义上和传统的推理系统有所分别："纳思系统"能够对其过去的经验加以学习，并能在不预设有关对象的充分知识的条件下，实时解答给定的问题，而且还能通过与世界的实际接触随时改变其知识库的结构（这种灵活的改变，正是连接主义路径与传统符号主义路径都无法做到的）。更重要的是，由于允许前语言的感知模板也成为"纳思词项"而进入"纳思"推理网，在原则上，"纳思系统"具有将感官信息与符号信息加以整合的巨大潜力。不过，如何具体实现这种整合，以及如何再将这种整合结果与日语等东亚语言的实际情况相结合，显然就需要更多的研究项目来推进了。

参考文献

[1] John, S. 'Minds, Brains and Programs' [J]. *Behavioral and Brain Sciences*, 1980, 3(3): 417−457.

[2] 徐英瑾. 心智、语言和机器——维特根斯坦哲学与人工智能科学的对话 [M]. 北京：人民出版社，2013，96−106.

[3] 池上嘉彦、守屋三千代. 如何教授地道的日语——基于认知语言学的视角[M]. 赵蓉等译，大连：大连理工大学出版社，2015，35.

[4] 金谷武洋. 英語にも主語はなかった—日本語文法から言語千年史へ [M]. 东京：講談社，2004，25.

[5] 月本洋. 日本人の脳に主語はいらない [M]. 东京：講談社，2008，193.

[6] Wallach, W., Allen, C. *Moral Machines: Teaching Robots Right from Wrong* [M]. Oxford: Oxford University Press, 2009, 63−64.

[7] David, M. *Vision: A Computational Investigation into the Human Representation and Processing of Visual Information* [M]. New York: Freeman, 1982, 124.

[8] Rodney, B. 'Elephants don't Play Chess' [J]. *Robotics and Autonomous Systems*, 1990, 6: 3−15.

[9] Rodney, B. 'Intelligence Without Representations' [J]. *Artificial Intelligence*, 1991, 47: 139−159.

[10] Yoav, G. *Neural Network Methods for Natural Language Processing* [M]. U. S. A: Morgan &

---

① 英文名为"Non-Axiomatic Reasoning System"，"纳思"为首字母"NARS"的汉语音译。

Claypool, 2017, 142.

[11] Samuel, B. 'A Large Annotated Corpus for Learning Natural Language Inference' [J]. *Proceedings of the 2015 Conference on Empirical Methods in Natural Language Processing*, 2015, 632−642.

[12] Seiichi, M., Michio, T. *A Dictionary of Basic Japanese Grammar* [M]. Japan: The Japan Times, 1989.

[13] Rudolf, C. *The Logical Structure of the World. Pseudo-problems in Philosophy* [M]. Translation by Rolf A. George. Los Angelos: University of California Press, 1967, 385.

[14] 徐英瑾. 维特根斯坦哲学转型期中的"现象学"之谜 [M]. 上海: 复旦大学出版社，2005.

[15] Ronald, L. *Cognitive Grammar: A Basic Introduction* [M]. Oxford: Oxford University Press, 2008, 23.

[16] 王忻. 日汉对比认知语言学——基于中国日语学习者偏误的分析[M]. 北京：北京大学出版社，2016，145.

[17] 袁毓林. 基于认知的汉语计算语言学研究 [M]. 北京：北京大学出版社，2008，342−374.

[18] Wang, Pei. *Rigid Flexibility: The Logic of Intelligence* [M]. Netherlands: Springer, 2006.

理解与理论：人工智能基础问题的悲观与乐观

梅剑华

一、导论

人工智能在最近几年成为各个学科、各个阶层、各个国家竞相关注的话题。它在最基本的层面推动我们去理解人之为人、人与机器之异同诸多哲学—科学论题，其中包括大量哲学、认知科学、计算机科学之间的交叉研究。人工智能也在最现实的层面推动社会发展，人工智能技术的应用极大地改变了人类的生活，重塑了各种行业的生存状态。

在人工智能的基本层面，一些乐观的哲学家、科学家认为人类能够制造出和人一样具有智能的机器人；另一些悲观的哲学家、科学家认为人类乃万物之最灵者，不能（无法）造出具有人类智能的机器人。自1950年图灵（Alan Turing）在哲学杂志《心灵》上发表《计算机与人工智能》至今，围绕图灵测试、"中文屋"这些论题的讨论从未停歇。一些具有人文主义情怀的哲学家试图通过反对强人工智能，为人类留下最后的尊严；一些具有自然主义倾向的哲学家则试图对强人工智能展开论证，表明人不过是自然世界中的一个复杂智能体而已。

在人工智能的应用层面，一大批务实的企业家和科技工作者希望用人工智能去解决一个个社会难题；而另外一批具有批判意识的知识人则担忧，人工智能技术可能催生新的伦理、政治问题。关于阿法尔狗和阿尔法元的争论未止，"京东"已开始利用人工智能技术探索物流新路径，"阿里"则使用人工智能进军农产领域。过于强盛的人工智能技术会不会剥夺人类的工作机会，从而引发巨大的社会动荡呢？乐观派似乎暂时占了上风，而一大波没有发言权的基层劳动者（如送货员、超市销售员、农民工）则在铺天盖地的媒体新闻里看到失业的前景，产生了巨大的焦虑。杜威曾在一篇名为"哲学复兴的需要"的文章中说："哲学家不处理哲学家的问题，哲学家处理我们的问题。"人工智能问题不再仅仅是书斋或实验室里的问题，而是我们每个人必须面对的问题。

人们对人工智能的种种乐观或焦虑，很大程度上源于对人工智能问题的误解和偏见。这些问题大致可以分为两类，第一类是理解性的，第二类是理论性的。理解性的问题需要澄清，理论性的问题需要解决。机器能否思考？奇点能够来临？ 机器是否会统治人类？这是属于理解层面的。机器人能否运用因果推断知识？人工智能能否建立一个反映真实世界的四维符号系统？这属于理论层面的。对于理解层面的问题，我的态度是乐观的。即使奇点来临，我们也会与机器人和平共处。对于理论方面的问题，我的态度是悲观的。除非发生巨大的科学革命，我们很难让机器人具有完全和人一样高的推理系统。本文第二部分对相关概念进行辨析。第三部分就机器能否思考、机器能否进行因果推断、机器能否建立真正的符号系统做出分析。第四部分就奇点能否来临、强人工智能可否实现做出论证。

二、人工智能概念的误解与澄清

人工智能的发展大致可分为三个阶段：逻辑推理、概率推理、因果推理。从1956年开始，人工智能推理以命题逻辑、谓词演算等知识表达、启发式搜索算法为代表。20世纪80年代盛行的专家系统就是其中的典型。随着研究的深入，科学家发现逻辑推理不能完全模拟人类思维。人类思维是一种随机过程，人工智能应该建立在概率推理的基础之上。这就形成了20世纪80、90年代以来的视觉识别、语音识别、机器学习等研究领域。2000年以后，以加州大学洛杉矶分校计算机系的珀尔（Judea Pearl）教授、卡耐基梅隆大学哲学系的格利穆尔（Clark Glymour）教授等人为代表的因果推理派，也逐渐进入了人工智能学界的视野；珀尔教授在人工智能领域引入因果推断方法。目前发展火热的仍是基于概率的机器学习及其分支深度学习等领域。

　　人工智能的一些基本概念，在传播过程中不免发生混淆。[1]尤其是弱人工智能、强人工智能、通用人工智能和超级人工智能这四个概念之间的区别和联系，例如通用人工智能能否等同于强人工智能等问题，[2]都需要逐一进行分析。弱人工智能与强人工智能（在后面的讨论中，视其语境，将人工智能简写为AI）的区分，是约翰·塞尔（John Searle）在《心灵、大脑与程序》（1980）一文开头提出来的，① 塞尔指出，弱人工智能不过是断言计算机是研究智能的一个有用的工具。[3]一个弱意义上的人工智能程序只是对认知过程的模拟，程序自身并不是认知过程。强人工智能则断言一个计算机的运行在原则上就是一个心智，它具有智力、理解、感知、信念和其他通常归属于人类的认知状态。通用人工智能（AGI）是指计算机在各个方面具有和人类同样的智能。它们能够执行与人类相同水平、相同类型的智力任务。"苹果"公司的创始人之一史蒂夫·沃兹尼亚克将"咖啡测试"作为AGI的一项指标。在测试过程中，机器人必须进入普通家庭并尝试制作咖啡。这意味着要找到所有的工具，找出它们如何运作，然后执行任务。能够完成这个测试的机器

---

① 这里有必要引用塞尔的相关论述："我们应当怎样评价计算机在模拟人类认知能力方面的成果所具有的心理学和哲学意义呢？在回答这个问题时，我发现，将我称之为强AI的东西与'弱'AI或者审慎的AI加以区别是有益的。就弱AI而言，计算机在心灵研究中的主要价值是为我们提供一个强有力的工具。例如，它能让我们以更严格、更精确的方式对一些假设进行系统阐述和检验。但是就强AI而言，计算机不只是研究心灵的工作，更确切地说，带有正确程序的计算机缺失可被认为具有理解和其他认知状态。在这个意义上，恰当编程的计算机其实就是一个心灵。在强AI中，由于编程的计算机具有认知状态，这些程序不仅是我们可用来检验心理解释的工具，而且本身就是一种状态。"

人将被认为是AGI的一个例子。

　　根据如上理解，我们可以说一个弱AI可能就是通用人工智能，因为弱AI虽然只是工具，但它可以实现对人类所有智能模块的模拟。强AI则不仅仅是通用人工智能，而要和人类心灵在性能上完全一样。如果我们做一些强行划分，可以将弱人工智能分成两个部分。弱AI的第一部分（a），在某个方面模拟人类智能，这也是一般人对弱AI的理解——计算机不过是人的工具，就像我们所接触到的各种机械系统一样。弱AI的第二部分（b），可以是通用人工智能，它是对人类智能的全面模仿。

　　在图灵测试中，计算机只要能成功地回答提问者的问题，就表明它能够思考。同样，让机器人制作咖啡的测试，也可以做任务分解。机器人如果能完成这项复杂的任务，就表明它具有和人一样的推理能力。按照塞尔的理解，机器人制作咖啡也是弱AI。所谓强，就意味着机器人知道自己在制作咖啡，或者更深入一些，套用托马斯·内格尔（Thomas Nagel）的术语，机器人必须知道"成为一名咖啡制作者是怎样的"（what it is like to be a coffee waitress）。显然目前所理解的通用人工智能做不到这一点。强AI既包括老百姓的一般理解，即计算机要像人一样做所有的事情，它还必须具有人类的意识：情感、感受性，甚至伦理、道德等等。而这几乎回到心灵哲学中关于意识问题的物理主义和二元论的永恒争论上来了。

　　再来说超级智能。作为人工智能领域的领军人物之一，尼克·博斯特罗姆（Nick Bostrom）所定义的超级智能"在几乎所有领域，包括科学创造力、一般智能和社交技能方面，都比人类最优秀的智能更聪明"。从哲学的角度来看，这也是一个比较含混的表达，如果按照塞尔的两分法，超级人工智能在类型上既可以是弱人工智能也可以是强人工智能。在塞尔看来，机器是否具有理解、意识（自我意识），是衡量机器是否具有人工智能的唯一标准。因此按照徐英瑾的说法，人工智能只有真假之别（强弱之分），而无程度（宽窄）之别。颇为吊诡的是，不管是大众还是人工智能领域的专家，都有意无意地忽略了塞尔最早提出强弱两分的标准，而是代之以新的标准：弱的人工智能就是对人的局部模仿，强的人工智能就是对人的全部模仿。大众更是从实用、后果的层面理解人工智能。在这里，哲学家津津乐道的"what it is like to be"问题处在了边缘。不难看出，哲学家、科学家、大众对何谓人工智能的理解并不是一致的。这里面存在系统的差异，对这种差异的检测或许会成为新研究的起点。

三、人工智能基础问题反思

1.机器能否思考的实验哲学考察

图灵在《计算机与人工智能》一开头就抛出了人工智能的根本之问："计算机能思考吗？"他认为不能通过考察"机器"和"思维"的实际用法，来获得机器能够思考的答案，尤其是不能通过对大众意见的统计调查来获得答案：

我建议考虑这个问题："机器能够思维吗？"这可以从定义"机器"和"思维"这两个词条的含义开始，定义应尽可能反映这两个词的常规用法，然而这种态度是危险的。如果通过检验它们通常是怎样使用的，从而找出"机器"和"思维"的词义，就很难避免这样的结论：这些词义和对"机器能够思维吗？"这个问题的回答可以用类似盖洛普民意测验那样的统计学调查来寻找。但这是荒唐的。与这种寻求定义的做法不同，我将用另一个问题来替代这个问题，用做替代的问题与它密切相关，并且是用没有歧义的语言来表达的。[3], p.56

统计调查的办法是荒唐的，图灵变换策略，建立了图灵测试，以此作为判断计算机是否能思维的标准。半个世纪之后，实验哲学家重新拾起图灵有意忽略了的问题：大众实际上是如何理解计算机能否思考这个问题的？这并非老调重弹，而是具有重要的价值。如前所论，人们对机器是否具有人类智能依然众说纷纭。在科学未能给出终极解决方案之前，大众常识是值得考量的。21世纪之初兴起的实验哲学方法运用科学的工具去处理哲学的问题。在实验哲学家看来，认识到语言如何工作这个任务具有经验蕴含。语言不仅仅会误导专家，也同样误导大众。人类的语言实践会对关于机器、思维的基本议题产生影响。实验哲学就在试图探测这种影响的细节。

　　我们在谈到计算机能否思考这个问题的时候，实际上经常涉及三个意义相近但又彼此不同的概念：计算机（computer）、机器（machine）和机器人（Robot）。机器能够思考吗？表面看来，我们可以迅速对计算机能否思考给出确定的答案。如果细致区分，应该是三个问题：计算机能够思考吗？机器能够思考吗？机器人能够思考吗？统计调查显示：26.2% 的人认为机器能够思考、36.0% 的人认为计算机能够思考，48.2% 的人认为机器人能够思考。[4] 同时测试者针对同一群体做了一组术语测试：（1）计算机是机器吗？（2）机器人是机器吗？结果98.6% 的人相信计算机是机器；所有人相信机器人就是机器。这个测试很有意思，当这组语词（计算机、机器、机器人）没有和其他语词产生语义学关联的时候，它们之间的差异被忽视掉了。而将这些语词置于一定的语境之中，就会导致人们的看法发生变化。分析受调查人群的教育背景，会发现教育程度越高的人越倾向于认为机器能够思考。关于机器能否思考这个问题，大众的回答和大众对语词的使用有密切的关联，也和大众的教育背景有紧密联系。这里有两点需要注意。其一，实验测试是在英语语境中进行的。如果是在中文语境中，得到肯定回答的比例可能更高一些。因为中文语境中"机器人"和"人"的语义关联度要远远高于"robot"和"person"。其次，受试者的教育背景会影响其对这个问题的回答。（在心灵哲学领域的物理主义和二元论之争中，我们也会发现受自然科学教育越多的人越倾向于接受物理主义立场，而受到传统哲学和宗教影响的人则青睐二元论。）

　　在思考人工智能是否能够超越人类智能的时候，对"什么是人类智能"的理解也会直接影响到"人类智能是否能够超越"这个实质问题。而哲学家对智能的理解并不能完全摆脱大众观念。专家和大众对智能的看法有细节差异，实质则一。实验哲学在这个层面提醒研究者，在回答任何关于人工智能的问题之前，用实验调查的办法考察人工智能领域广泛使用的概念是极有裨益的。

2.机器人能进行因果推理吗?

人工智能的核心要求是机器人在每一个方面都要像人一样，比如机器人应该具有意识、具有道德等。不过在此之前，有一个更基础的问题：机器人首先应该像人一样行动。它可以依据周围环境的改变来调整自己的行动，建立行为范式。早期的人工智能运用符号推理和概率推理模拟人的推理系统，取得了巨大的成就。但是建立在强大的数据和推理手段之上的智能系统，却不能像小孩一样进行常识判断和因果推断——它可以做出专家不能做的事情，却无法做出小孩能做的事情。原因在于小孩能够通过对外界刺激产生反应来学习因果，建立因果推断模式。正如加州大学计算机系计算机视觉研究专家朱松纯提出的：人工智能不是大数据、小任务；而是小数据、大任务。[5] 环境中的智能体应该根据环境中的有限信息（小数据），通过观察建立信息和行为之间的因果关联，从而做出复杂的行为（大任务）。朱松纯打了一个比方，大数据、小任务的典范是鹦鹉学舌，通过给鹦鹉输入固定的语音信息，使得鹦鹉学会相应的语句。但鹦鹉和聊天机器人都不懂得真正的话语，不能在语句之间建立真正的联系。小数据、大任务的典范是乌鸦喝水。乌鸦比鹦鹉聪明，就在于"它们能够制造工具，懂得各种物理的常识和人类活动的社会常识"。乌鸦进城觅食，它找到了坚果，面临一个任务：它需要把坚果砸碎。通过在马路边观察，它发现，路过的车辆可以把坚果轧碎。但是它也发现了，如果它在坚果轧碎之后去吃，很可能会被车辆轧死。怎么办？乌鸦既需要车辆把坚果轧碎，又需要避免自己被车辆轧到。乌鸦把最初的任务分解成了两个问题:（1）让车辆轧碎坚果;（2）避免车辆轧到自己。通过进一步观察，它认识到车辆停止的情况可以避免自己被轧死。它发现，有红绿灯的路口就是这样一个合理的场景。它发现了红绿灯和人行横道、车辆之间的因果关联。因此它选择在红灯亮起、车辆等待的时候去捡坚果。在这个过程中，乌鸦获取的数据是少的，但任务是大的。问题的关键不是它获取了多少数据，而是它有效提取了数据之间的因果关联，根据这个因果联系制定了解决方案。

　　人工智能要成为真正的人类智能，就必须对人类的因果认知、推理模式有深入的了解。珀尔教授在80年代率先在人工智能领域提出贝耶斯推理，90年代又转入因果推理领域，从概率推理到因果推理，两次居于科学革命的中心。他还以《因果性》[6] 一书获得了2011年图灵奖。珀尔认识到，只有让机器人建立了真正的因果推理模式，机器人才具有真正的智能。在珀尔看来，当前人工智能领域盛行的机器学习模型在棋类博弈、图像识别、语音识别等方面卓有成效，但这个技术已面临瓶颈。机器学习导向之所以是错误的，是因为它以数据为导向，而不是以人的推理特征为导向。机器学习的倡导者认为数据里面有"真经"，只要具有巧妙的数据挖掘技术，学习机器通过优化参数来改进其表现就可以了。学习机器通过大量的数据输入来实现其表现的改进，但是强人工智能之为强人工智能，是希望机器拥有像人一样的能力。数据是盲目的，数据能够告诉我们谁服药可以恢复得比其他人更快，但是不能告诉我们为什么，[7] 而人的优越性在于他能够回答"为什么"的问题，比如干涉问题：服用这个药物对人体的康复有效吗？比如反事实问题：这个没有接受过大学教育的人，如果接受大学教育，那么会怎么样？人的大脑是处理因果关系最为先进的工具，在与环境互动的过程中，大脑建立了系统的因果推理模式，回答各式各样的因果问题。人之为人正是因为这种卓越的能力：探究未知的现象，解释已有的现实，从周围环境中发现因果关系。人工智能要努力了解这种能力并通过计算机来模拟，最终实现真正的人工智能。如何让机器人拥有理解和处理因果关系的能力，是通向强人工智能的最大困难之一。

　　在技术上让机器人具备因果推断能力，必须解决两个最实际的问题：第一，机器人如何与环境互动来获取因果信息？第二，机器人怎么处理从它的创造者那里所获取的因果信息？珀尔的工作主要试图解决第二个问题。在他看来，图模型（有向无环图）和结构方程模型的最新进展已经使得第二个问题的解决成为可能，而且也为第一个问题的解决提供了契机。但这一切依赖于一套完整、系统的因果语言。珀尔为因果推断提供了一套完整的形式化语言，为人工智能中的因果推断打下了坚实的基础。但如何在技术上实现这一点，等待科学家的仍然是"雄关漫道真如铁"。

3.人工智能可否建立真实的符号表征系统？

我们已经说过，人工智能必须发展一套因果推理的语言，其中包括do算子、干涉、反事实、混杂共因、内生变元、外生变元、噪声等。但这里存在一个基本的困难：人工智能中的智能体在四维时空中行动，而我们的语言是一维的。一维的语言如何表现四维时空中的事物呢？从语言来理解人工智能，构成了人工智能的困境。在叶峰看来，20世纪人工智能研究对语言（不管是日常语言分析还是逻辑语言分析）的盲目崇拜，是人工智能陷入泥潭的主要原因。[8] 人类语言是一维符号系统，而世界是四维的，这使得人类语言不能有效表征世界。我们所具有的形式化语言，都是一维的。比如我们直接用谓词逻辑语言来描述物体及部分的时空位置关系，或者设立射孔坐标，把时空切割成方块，将目标对象看作时空小方块的集合，然后用一维语言描述时空的特征。这两种办法都会丢失四维时空中物体的一些特征。套用"言有尽而意无穷"的说法，我们可以说一维语言的表述能力有限，需要表述对象的特征却是无穷的。表述能力的缺失，就会导致数据的重复和增加。如果运用高级手段，就能很清楚地表述对象之间的时空关系。但是手段粗糙，就只能靠大量抓取数据来获取有效信息。这显然不是智能的做法。语言并非和大脑的思维状态同构。人类大脑对世界的认知很有可能是多维的。比如视觉认知，大脑直接保存了所见物体的空间位置特征，大脑的记录是多维的而非一维的。我们可以合理假设：大脑并非像语言一样通过一维来重建多维，而是可以直接表征和记录物体的四维结构。不然大脑需要处理的信息就太复杂了，以至于不能在极短的时间内完成识别任务。

回过头来考虑语言与心灵、大脑与世界之间的关联。通常我们认为语言表达世界（见维特根斯坦《逻辑哲学论》）、心灵表达世界，语言也在这个意义上表达了思想。语言、心灵、世界建立了稳定的三角关系。这是一种稍加反思就能达致的形而上学观念，但这并非科学所揭示的真相。认知科学的大量证据表明，人类对世界的认知要先于语言的发明（让我们忽略哲学上塞拉斯－麦肯道威尔－布兰顿一系的匹兹堡学派的概念论立场）。人类和动物对外部世界的视觉表征要早于语言。"简单的人类语言之所以能够传递大脑中极其复杂的表征，是因为人类大脑之间的相似性。这种相似性使得两个大脑对同样的物体或场景产生的内部表征（如看见一个物体所产生的视觉图像）大致是相同的。"[8], p.78语言的抽象概念是怎么建立的呢？我们理解"婚姻"这个概念，依据的是与这个词相关联的大量视觉、触觉、嗅觉、记忆等知觉表征，比如阅读一个婚姻故事、参加一场婚礼、为离婚打官司等。"婚姻"这个概念并不仅仅因为坐落在一堆与之相关的概念家族中而得到规定。而是使用这个词的主体通过社会实践（各种知觉活动），建立了这个概念和其他概念所关涉的生活之间的联系。因此，如果大脑在表征世界的时候，是将世界的场景如其所是地反映在大脑之中，那就表明大脑的神经元结构足以表征世界的四维图景。而一维的语言在反映四维图景时，丢失了一些重要的结构和细节。基于一维语言符号系统的计算机必然不能像真正的人一样对世界进行表征、预测和行动。放弃一维的语言也许是走出困境的一条道路。但是如何发明、建构一套四维的符号系统呢？这甚至比制造具有因果推断的智能体更困难，不仅是"雄关漫道真如铁"，而且根本无法"迈步从头越"。

四、强人工智能、超级智能时代会到来吗？

强人工智能可以实现吗？[9]这可以算人工智能的终极之问。大部分人认为它是不可实现的。比如曾任"微软"亚洲研究院首席研究员的李世鹏认为，所有的人工智能都只有一个高级搜索功能。它依靠大数据训练这些模型。它解决不了一些它没遇到过的情况，没有智能，也没有推理功能。学习机器的训练集大于测试集，就表明了这一点。[10]李世鹏的结论很简单：我们目前还没有真正的人工智能。机器学习专家周志华则对目前没有强人工智能做了全面的论述：目前人工智能的主要技术源于弱人工智能，主流人工智能学界的努力并非朝向强人工智能。即使想要研究强AI，也不知道路在何方。甚至，即便强AI是可能的，也不应该去研究它。[11] 周志华在原理上、技术上、伦理上都反对强人工智能。

对强人工智能的另一拨反驳意见来于思辨的忧虑：如果强人工智能是可能的，那么制造出来的具有人类智慧水平甚至比人类更强的机器人就会奴役人，产生一个新的奴隶时代。哈佛大学心理学家斯蒂芬·平克（Steven Pinker）新近撰文[12] 批判了这一观点。他指出，假定机器人具有了强人工智能，"复杂系统理论中没有任何定律认为，有智力的行为主体必定会成为残忍的征服者"。但他也具有和周志华、李世鹏类似的观点："根本没有任何机构正在研究通用人工智能""AI的进步不是来自对智力机制的理解，而是来自于处理速度更快、能力更强的芯片和丰富的大数据。"[12] 的确，目前大数据的流行、深度学习方法的深入，都极大地推进了目前的人工智能技术。而纽约大学教授加里·马库斯（Gary Marcus）在2018年1月发文批评目前占据主流的深度学习："我们必须走出深度学习，才能迎来真正的通用人工智能。"[13] 目前大量人工智能技术被应用于现实生活：机器翻译、图像识别（人脸识别）、语音识别、棋类博弈、无人驾驶、AI金融等。2018年2月4日，《中共中央国务院关于实施乡村振兴战略的意见》发布。[14] 两天后，"阿里"首创AI养猪，[15] 利用人工智能技术养猪。AI养猪全过程使用人工智能技术，依靠通过视频图像分析、人脸识别、语音识别、物流算法等，高效准确地完成各项工作。例如，为每一头猪分别建立成长档案，视频图像分析技术可以记录猪的体重，进食情况，运动强度、频率和轨迹，检测是否怀孕等。ET大脑通过红外测温技术和语音识别技术，监测猪的体温和咳嗽的声音，随时关注猪的身体健康，更全面、更精细地关注猪的生长。人工智能技术提高猪的产量，降低了人工成本。类似的还有"京东"的无人运行的物流技术，提高了精准性，降低了人工成本。在可以利用机器的地方，让人退出来从事更有创造力的工作，这种社会行业结构的改变应该是良性的。千百年来，技术进步解放了人类的双手和双脚，产生了越来越多的新职业。在这个意义上，目前社会上大批人工智能技术并没有对人类社会造成威胁。可以说，弱AI在原理开发和技术运用上都产生了良好的效果。

　　人工智能最令人焦虑的还是强人工智能的问题：第一，我们能否实现强人工智能？第二，我们如何实现强人工智能？第三，如果我们实现了强人工智能，人类的命运会怎样？根据第二节的分析，可以从两个层面来理解强人工智能：第一个层面是高级复杂的通用人工智能；第二个层面是具有人一样的感受性（意识）。如果从第一个层面理解，珀尔所提倡的让智能体具有因果推断能力，就是迈向强人工智能的重要一步。智能体既可以抽取环境中的因果信息，又可以运用从创造者那里获取的因果信息，那么就促成了通用的人工智能体。这种意义上的强人工智能在技术上是可能达到的——可以记为强AI（a）。遗憾的是，目前为止，在人工智能领域转向因果推断研究的研究者还非常少。深度学习的成功使得目前的人工智能研究者忽视了这一进路。如果从第二个层面理解强人工智能，机器人就要具有意识，成为一个有意识的心灵——可以记为强AI（b）。这就不单单是技术推进可以解决的问题了，背后也涉及哲学观的较量。就如在第三节所谈，人们对机器能否思考的问题，具有系统的差异。最近的实验心灵哲学也对人们关于现象意识、机器意识做了大量的经验调查。对于机器是否具有意识，大众的意见并不一致。[16]这都表明，这个层面的强人工智能是一个理解问题。即使对人类心灵，物理主义者也会断言心灵不过就是大脑。如丹尼特所言，所谓的现象意识不过是幻觉，真实存在的是神经元网络的活动。但二元论者反对将心灵解释为大脑。物理主义和二元论者对待心灵的态度，会影响哲学家对人工智能的理解。只要接受物理主义立场，强AI（b）就是可能的，它不过是机器人的幻觉而已。一个物理主义者可以承认强AI（b）是可能的，但未必认为强AI（a）是可能的。如果人类的视觉识别在根本上是四维的，而一维的语言又不能完全刻画这些信息，那么强AI（a）就是不可能的。但这并不妨碍像叶峰这样的物理主义者接受第二个层面的强人工智能。

　　现在来看第二个问题：如果我们认为强人工智能是可能的，如何去实现它？第一种意义上的人工智能就是建立因果推断的数学模型。第二种意义上的人工智能就不是如何实现的问题了，而是牵涉到如何理解心灵。只要你是一个物理主义者，就会认为这样的强人工智能是可以实现的。对于一个接受因果推断的物理主义者来说，强人工智能的时代迟早都会到来。我们会造出机器人作为我们的帮手和朋友，机器人也可能会祸害我们，就如同现实生活中我们的帮手和朋友可能祸害我们一样。但人类能够制造出类人机器人，就能够与他和谐相处。父母生儿育女属于生活的常态，弑父弑母属于生活的反常情形。与此相似，反人类的机器人也属于异类。

　　有人相信存在超级人类智能。如果有一天制造出在智能上超越人的机器，这就是所谓的奇点（Singularity）来临。[17]这在逻辑上是可能的。人类能造出比人智力更强的机器人，这是什么意思呢？我们制造了比自己聪明的机器人，他们就可以独立生存、自我繁殖演化吗？这需要人类制造的机器人能够自己制造或者生育机器人。查尔默斯（D. Chalmers）在关于奇点的哲学分析中，坦承他的分析纯粹是思辨的，但结论比较乐观：他认为奇点可能存在，目前障碍可能在于动机，而非能力不够。如果奇点来临，机器也可以建立合适的价值观，可以在虚拟世界中构建第一个AI和AI+系统。[17], pp.7-65 此处不展开分析查尔默斯的奇点观。笔者基本认同查尔默斯的立场。如果人类能制造出来更加聪明的机器人，那些制造者的智力程度也大大提高了。虽然未来的机器人可能比现在人的智力水平高，但只要人能制造出机器人，未来的人就不会完全受到未来机器人的控制，也不太可能被自己制造的机器人击败。这看似一个经验问题，实则是一种概念反思。即使强人工智能时代到来，也并不意味着人类将面临最大的危险。一句老话说得好：风险与机遇共存。我们可以想象无人驾驶、餐厅里的机器人服务员、老年人看护、危险场所的机器人等。不管是什么类型的人工智能，它们都与人友好相处，有时也会像人类一样伤害同类。如果人类互相伤害的历史是可以接受的，我们没有理由不接受机器人像人一样的行为。况且机器人可以帮助人类从事务性的工作中解脱出来，投身到更具创造性、更自由的活动中去。就像马克思在《德意志意识形态》中所讲的："……在共产主义社会里，任何人都没有特殊的活动范围，而是都可以在任何部门内发展，社会调节整个生产，因而使我有可能随自己的兴趣今天干这事，明天干那事，上午打猎，下午捕鱼，傍晚从事畜牧，晚饭后从事批判，这样就不会使我老是一个猎人、渔夫、牧人或批判者。"[18] 人工智能技术消除了强制性的、固定性的分工，让每个人作为个人加入共同体，摆脱了对人与对物的依赖，成为独立的、有个性的个体，成为全面发展的、自觉自由的个人。那不是一个生活更美好的时代吗？

参考文献

[1] 徐英瑾."强人工智能、弱人工智能及语义落地问题" [EB/OL]. 社会科学战线，2018-01-18.

[2] 李开复、王永刚. 人工智能 [M]. 北京：文化发展出版社，2017，113.

[3] 玛格丽特·博登. 人工智能哲学 [M]. 刘西瑞、王汉琦译，上海：上海译文出版社，2001，56.

[4] Livengood, J., Sytsma, J. 'Empirical Investigations: Reflecting on Turing and Wittgenstein on Thinking Machines' [E], Proudfoot, D. (Eds) *Turing and Wittgenstein on Mind and Mathematics,* Oxford: Oxford University Press, (forthcoming) .

[5] 朱松纯. 浅谈人工智能：现状、任务、构架与统一 [OL], http://www.stat.ucla.edu/%7Esczhu/ research_blog. html#VisionHistory. 2018-03-04.

[6] Pearl, J. *Causality* [M]. Cambridge: Cambridge University Press, 2009.

[7] Pearl, J., Mackenzie, D. *The Book of Why: The New Science of Cause and Effect* [M]. New York: Basic Books, May 2018.

[8] 叶峰. 论语言在认知中的作用 [J]. 世界哲学，2016，（5）：72-82.

[9] 王晓阳. 人工智能能否超越人类智能 [J]. 自然辩证法研究，2015，（7）：104-110.

[10] 李世鹏. 今天的人工智能只是一个高级搜索功能载 [J]. 艺术风尚，2018，1-2：289.

[11] 周志华. 关于强人工智能 [J]. 中国计算机学会通讯，2018，14（1）：45-46.

[12] 斯蒂芬·平克. 马斯克和霍金错了吗？平克犀利驳斥AI威胁论 [J]. 王培译，*POPULAR SCIENCE*，2018-02-14.

[13] Marcus, G. 'Deep Learning: A Critical Appraisal' [J]. *arXiv*: 1801.00631 [cs.AI]. 2018, 1-27.

[14] 中共中央国务院关于实施乡村振兴战略的意见 [EB/ OL], 中华人民共和国中央人民政府官方

网站, http:// www.gov.cn/zhengce/2018/02/04/content_5263807. htm.2018-03-04.

[15] AI养猪项目将养猪行业推向新发展阶段[OL], 央广网, http://country.cnr.cn/mantan/20180327/
t20180327_524178280.shtml 2018-03-27.

[16] Sytsma, J. *Advances in Experimental Philosophy of Mind* [M]. London: Bloomsbury Publishing, 2014.

[17] Chalmers, D. 'The Singularity: A Philosophical Analysis' [J]. *Journal of Consciousness Studies*, 2010,
17: 7−65.

[18] 马克思、恩格斯. 德意志意识形态 [M]. 节选本，中央编译局译，北京：人民出版社，2003，
29.

专题二　人工智能伦理规范的理论反思与技术实践

从人机关系到跨人际主体间关系：人工智能的定义和策略

程广云

一、人的定义：从本质主义到功能主义

　　人工智能所创造出来的产品究竟是智能机（intelligence machine），还是机器人（robot），这是我们在讨论相关问题时需要考虑的一个基础前提。如果是智能机，那它就是我们人类所创造出来的一种工具、手段，无论这种工具多么复杂，手段多么高级，它也像传统哲学教科书所断言的：正像普通机器是人手的延长和人的体力的放大一样，智能机器是人脑的延长和人的智力的放大。如果是机器人，那它就是我们人类所创造出来的一种新物种、新人类。这样一种划分在中文里比在英文里更明显。前一种情况是不足为虑的，后一种情况则值得我们焦虑。那么，这两种情况的划分标准在哪里呢？

　　梅剑华在"理解与理论：人工智能基础问题的悲观与乐观"一文中提出，

我们需要首先辨析人工智能的四个基本概念：弱人工智能、强人工智能、通用人工智能、超级人工智能，弄清它们之间的区别和联系。[1]其中，弱AI/强AI是塞尔在《心灵、大脑与程序》开篇提出的："弱"AI就是一个"工具"，"强"AI"具有理解和其他认知状态""就是一个心灵"。[2]弱AI包括两个部分：一是专家系统，是指对人类智能的局部模拟；二是通用系统，是指对人类智能的全局模拟。而超级人工智能则是相比人类最优秀的、更聪明的智能。但是，按照塞尔的观点，无论专家系统还是通用系统，作为"工具"都是"弱"AI，作为"强"AI则"具有理解和其他认知状态""就是一个心灵"。这里，我以为有两种划分方式：一种是本质主义的，一种是功能主义的。

　　本质主义思维方式是说，从人的诸多特征中寻找某一根本特征，譬如理性、语言、社会、劳动，诸如此类，凡具有这一特征的就是人，凡不具有这一特征的就不是人。我们既然以此为标准划分人与动物，也就能够以此为标准划分人与机器。

　　然而，按照本质主义思维方式，我们不可能走到今天。众所周知，人工智能起源于这样一个问题："机器如何思维？"之所以提出这一问题，是因为科学家们已经做出一个假定："机器能够思维！"这就摒弃了思维专属于人的成见。图灵在《计算机器与智能》（1950）中首次提出"机器能够思维"的论点，促使人们积极探索智能模拟的具体途径。图灵通过"模仿游戏"证明"机器能够思维"。[2], p.56所谓"图灵准则""图灵检验"被人们称为行为主义，类似我所谓的功能主义。他对种种反对意见（如"有关意识的论点"等）的若干回答，也就是对本质主义的批驳。这与塞尔的观点正好相反。

　　20世纪50年代中期，由于计算机技术的发展及其与控制论、信息论、数理逻辑、神经生理学、心理学、语言学和哲学的相互渗透，人工智能作为一门新学科开始形成。1956年，在美国达特茅斯大学召开了有关人工智能的夏季讨论会，把人工智能正式确定为一门学科。同年，美国心理学家纽厄尔（A. Newell）、西蒙（H. A. Simon）和肖（J. C. Shaw）编制了一个叫作"逻辑理论家"的程序系统，它能证明罗素（B. A. W. Russel）与怀特海（A. N.

Whitehead)《数学原理》中的数理逻辑定理，从而体现机器智能。科学家们认为，思维就是运用一种语言、一种逻辑。这种语言显然不是日常生活中的自然语言，而是人工语言——数学语言。人类使用的数学语言以十进制为基础，而让机器掌握十进制数学语言相当困难。考虑到机器有两种基本状态：开和关，科学家们就为机器编制了二进制数学语言。导通代表1，截止代表0，逢2进1，这样就解决了机器数值运算问题，最终计算结果是以人们习惯的方式显示给人们的。再进一步，科学家们认为，逻辑关系同样可以用数值形式表达，于是提出数理逻辑，譬如1代表肯定，0代表否定，输入两个逻辑量：肯定（1）和否定（0），如果两个输入只有一个肯定，结果就是肯定，这叫作"或"逻辑；如果两个输入必须全是肯定，结果才是肯定，就叫作"与"逻辑；如果输出是输入的反面，则叫作"非"逻辑。由此制订一套逻辑代数规则，解决了机器逻辑运算问题，也就初步解决了机器思维或人工智能问题。

从那以后，人工智能取得了重大的进步。前述梅文提出，人工智能的发展大致可分为三个阶段：逻辑推理（1956—1980年代）、概率推理（1980-2000年代）、因果推理（2000—）。[1], p.2假如这种划分（尤其是第三个阶段）成立的话，我以为这恰好揭示了人工智能迄今为止三个发展阶段的特征：形式化、经验化、理性化。在第一个阶段，机器人只是在形式上模拟人类思维，实质上还是智能机；在第二个阶段，机器人开始模拟人类经验；在第三个阶段，机器人开始模拟人类理性。人工智能也称机器思维。人工智能是模拟人类智能，机器思维是模拟人类思维。模拟包括结构模拟、功能模拟，由于人脑高度复杂，不是一个打得开的"白箱"，而是一个打不开的"黑箱"，因此在历史上相当一段时期，人工智能不是在结构上，而是在功能上模拟人脑。

围绕人工智能（机器思维）这一中心，我们进行了长期的哲学探讨。像传统哲学教科书那样，我们认为思维是人脑的机能和客观世界的主观映象。这就将思维的种种可能封闭为思维的一种现实，亦即人类思维。这也就是本质主义思维方式，亦即形而上学思维方式，是真正"不结果实的花朵"。反过来说，这就要求我们转向实践哲学思维方式，亦即功能主义思维方式。人工智能科学把思维符号化。它揭示了哲学和具体科学在思维方式上的异同。具体科学具有可建构性、可操作性，这一基本特点为英美哲学传统（经验主义—功利主义—实用主义—实证主义）所影响。但是，像传统哲学教科书那样，我们还要步步设防：即使机器能够思维，它也不是人的思维。我们在机器思维与人类思维、人工智能与人类智能之间划清界限。这种做法就像我们在火车和马车之间划清界限一样，对不对呢？——对！有没有用呢？——没用！火车一开始甚至跑不过马车，但是现在，在运输工具上，马车早已被火车替代、淘汰了，无论运载能力还是运行速度，火车都远远超过了马车。今天我们在机器与人类之间划清界限，极有可能面临同样的局面：机器超越了人、替代了人、淘汰了人。当然这一比喻并不确切，无论马车还是火车，不过运输工具而已。而我们今天所谈论的机器和人类的关系，则是指机器能否具有像人类一样的思维能力，甚至超越这一能力。当然，究竟是科学潜能，还是科学幻想，许多事情还无法判断。然而我们由本质主义思维方式转向功能主义思维方式，则是完全必要、非常及时的。

功能主义思维方式是说，不管两个存在物A和B属性有何不同、本质有何不同，只要A的行为所起到的作用、所产生的效果，B的行为也能做到，那么它们就是同一类。如果机器能够像人一样思维，那么它的思维就是人的思维；如果机器思维能够比人的思维更快捷、正确，那么它的思维就超过了人的思维。由此类推，如果机器能够像人一样行为，那么它的行为就是人的行为；如果机器行为能够比人的行为更快捷、高效，那么它的行为就超过了人的行为。感觉、欲望、感情、意志，均可如此衡量。

有一种本质主义思维方式认为，人类思维的本质是反思，即以自身思维为对象的思维，对意识的意识，亦即自我意识，因此可以以有无自我意识或意向性来划分机器思维和人类思维、人工智能和人类智能。但是，怎么知道机器不能具有自我意识？当然，现有机器，包括阿尔法狗、沙特阿拉伯公民索菲娅（Sophia）等，都还不具有自我意识。但是我们讨论问题，不是在现实的意义上，而是在可能的意义上。机器现在还不具有自我意识，并不等于将来也不具有自我意识。迄今为止，人工智能的整个历史表明，机器之所以具有思维（意识），就在于思维（意识）是通过编码即符号化进行的。自我并非一种实体，它是一种意识。自我意识作为一种意识，在原则上同样可以编码。甚至感觉、欲望、感情、意志，也都可以编码。

按照托夫勒（A. Toffler）的观点，"知识"（knowledge）是经加工制作可以发挥作用的"信息"，"信息"（information）是分类整理后的"数据"，"数据"（date）是各种搜集起来的"数字"和"事实"。[3]按照经济合作与发展组织（OECD）的观点，知识分为四类：知道是什么的知识（Know-what），即事实知识（"知其然"）；知道为什么的知识（Know-why），即原理知识（"知其所以然"）；知道怎么样做的知识（Know-how），即技能知识；以及知道是谁的知识（Know-who），即人际知识。在这种分类中，前两类知识属于"编码化知识"即"归类知识"（"言传"型），亦即"信息"，较易于编码化（归类）和度量，人们可以通过理论学习——读书、听讲和查看数据库（"言传"）获得；后两类以及其他各类知识属于"隐含经验类知识"即"沉默知识"（"意会"型），较难于编码化（归类）和度量，人们可以在实践中学习（"身教"）获得。[4]随着人工智能的出现，知识逐步编码化，而"编码化知识"又可以通过人工智能加以掌握，在电脑及网络中存储和流通。在这种情况下，人类智能、人脑及网络应当着重把握的是"隐含经验类知识"。因此，这种知识分类反映了人—机知识分工的历史特征。人—机知识分工在于人们通过运用自身"隐含经验类知识"，使用机器存储和流通的"编码化知识"，并且力图将前者逐步转换为后者。

然而人工智能的最新发展表明，机器已经不仅仅是机械地执行人类所输入的程序，而是通过大数据、云计算拥有了深度学习的能力。以往机器所具有的只是"编码化知识"，现在机器在某种程度上已拥有了"隐含经验类知识"。这就是人工智能的一个重大突破。这一突破表明，一种可以称为机器人的新物种或新人类即将出现。出现的标志并不是按照本质主义定义的，而是按照功能主义定义的，只要某种人造物不受人控制，具有自主性，它就不是智能机，而是机器人。自主性并非一种新的属性、新的本质规定，而是表现在"不受控"，"不受控"是从功能、作用、效果上衡量的。当然，许多自然物，例如小行星，在我们认识并运用其运行规律前，它也是不受控的，但我们说的是人造物；许多人造物，例如核武器，似乎也是绝大多数人所控制不了的，但它终究还是极少数、极个别人所控制得了的。"不受控"亦非自动化，自动化不仅初始控制属于人类，整个运行也按照人类意愿进行，并且人类可以中止这一运行。"不受控"则是整个过程自始至终不受控制，或者初始控制属于人类，但随后失控并且最终无法恢复控制。这里还要排除偶然失控现象，"不受控"是一种必然失控现象，不仅是事实上"不受控"，而且是原则上"不受控"。其实，近来对人工智能的担忧，就是对某种"不受控"机器人的担忧！

二、人的策略：超越人类至上主义

假定出现这样一种"不受控"的机器人，机器人和自然人的关系就会出现问题。这里"自然人"不是相对"法人""社会人"而言，而是相对"机器人"而言。这个问题是前所未有的，与原有的人机关系存在根本的不同：自然人和智能机的关系还是人机关系，还是主体和客体（对象）、中介（工具）之间的关系，自然人和机器人的关系则是主体和主体的关系，这种新型主体关系既不同于任何主客体关系，也不同于现有的人与人之间的关系，可以称为跨人际主体间关系。

人类应该怎样处理与这种新物种、新人类的关系呢？——我们需要回顾一下人类怎样处理与其他动物的关系。根据达尔文生物进化论，人类是从某种高等动物（古代类人猿）中进化出来的，因此人和猿（现代类人猿）同祖。这种进化达到这样的程度：人类智商远远高于其他动物智商。人类不像曾统治过地球的恐龙那样主要通过体力（体能），而是通过脑力（智能）统治其他动物。人类治理动物世界的基本策略是区别对待两类动物：一类是可驯化的家畜和其他家养动物；另一类则是不可驯化的野兽和其他野生动物。前者是人类的食物或奴隶，后者是人类的天敌或俘虏。在相当长的一段历史时期里，人类与大自然的斗争包括与某些威胁人类生命和财产的野兽及其他野生动物斗争，为了自身安全而消灭它们。现在这场斗争已经取得重大成就，但也带来严重后果：不仅许多野生动物被消灭了，人类文明的进步和发展甚至威胁到了动物共同的生存环境，技术圈正在破坏生物圈。许多动物濒临灭绝。在这种历史背景下，动物保护主义兴起，它和环境保护主义、生态主义一起，成为当今人类的共识。从动物园把动物关在笼子里，到野生动物园把动物放出笼子，人类对待动物的观念和行为方式发生了根本的变化。但是，人类多半还是监护人，其他动物则是被监护对象。由于智商悬殊，人类和其他动物的伙伴关系仍然是难以想象的。除非我们通过某种技术将其他动物的智商提高到类似人类的水平，通过语言的翻译实现对话，这样才有可能建立人与其他动物的友好关系。

在相当长的一段历史时期里，人类与动物的关系被代入到了人与人的关系之中。不同人群之间相互斗争，采取了与动物斗争类似的区别对待策略：要么作为敌人，消灭他们，俘虏他们；要么作为奴隶，奴役他们，甚至作为食物，吃掉他们。人与人之间的民族斗争、阶级斗争是动物之间生存斗争的残余形态。但是，人类文明的进步和发展使人们终于意识到了，人人都应该自由、平等地享有人权、法治。

自然人对待机器人的策略又是什么呢？——许多科学幻想小说、影视作品都在套用人类与动物、人与人之间所曾发生的故事，想象未来人机大战：人类从强者变成了弱者，机器人消灭自然人，自然人成为机器人的奴隶，……总之天命循环，报应不爽。曾经落到动物头上的悲惨遭遇最终全部落到了人类头上。

但是，人类对动物的观念已经从人本主义（如密尔）转变为自然主义（如爱默生）。这一观念可以追溯到达尔文那里，在利奥波德（A. Leopold）和罗尔斯顿Ⅲ（H. Rolston Ⅲ）那里得到了系统的阐明。利奥波德在《沙乡年鉴》一书中提出了著名的"土地伦理"。利奥波德认为，"伦理"所适用的"共同体"界限是逐步扩大的：从最初只适用于主人（奴隶主以及其他自由民）而不适用于奴隶的"主人伦理"，到后来变成只适用于人类而不适用于其他物种的"人类伦理"。如今，"伦理"所适用的"共同体"界限应当进一步扩大。土地"包括土壤、水、植物和动物"，土地伦理"宣布了它们要继续存在下去的权利，以及至少是在某些方面，它们要继续存在于一种自然状态中的权利"，"是要把人类在共同体中以征服者的面目出现的角色，变成这个共同体中平等的一员和公民"。它包括对每个成员和对这个共同体本身的尊敬，以"保护生物共同体的和谐、稳定和美丽"为标准，衡量"一个事物"的"正确"和"错误"。[5]利奥波德"土地伦理"的意义是实现了从人类中心主义到自然中心主义的突破。罗尔斯顿Ⅲ批判了"人类沙文主义"，明确提出生态"共和国"，认为每一物种都是生态"共和国"公民。[6]这就是说，整个生态圈就是一个共和国，我们每一个人既是国家公民，又是世界公民，还是生态公民。其他物种，甚至作为个体的动物、植物和微生物等，同样是这个生态圈共和国的公民。罗尔斯顿Ⅲ的主要贡献是进一步明确从人本主义转向自然主义。

我们能否将这样一种自然主义（自然中心主义）观念移植于自然人和机器人的跨人际主体间关系之中？显然，当前我们的主流观念还停留在人本主义（人类中心主义）。这就使得人类对待机器的态度与对待动物的态度极端不一致。当机器从智能机发展到机器人、人工智能超越人类智能"奇点"来临时，我们的态度再一次发生转变：我们可以保护智商低于人类的自然物种，却敌视智商高于人类的人工物种。这一区别绝不是因为动物是自然的产物，机器人是人工的产物；而是因为动物的智商绝对低于人类，机器人的智商可能高于人类。这无疑是一种机会主义。

如果我们坚守一种彻底的历史进化观念，我们就要接受这样一个结局：假如人类由动物进化出来是历史的一个巨大进步，那么为自然人所创造的机器人（假如它在各个方面都比人类优胜）对世界的统治就是历史的又一巨大进步。我们限于人类立场反对这样一个历史发展趋势，是一种人类的自私，并且是无谓的。人类至上主义正像人类中心主义一样，必将为自然主义、生态主义或超自然主义、超生态主义所替代。人类也是一个物种，这个物种的存续与灭绝是由整个自然生态系统或超自然、超生态系统所决定的。人类应该永远持续下去并非是一个不证自明的前提，人类持续存在的合法性和正当性有待证明。

三、人的策略：自然人再进化、人机并行与融合

美国著名科普作家阿西莫夫（I. Asimov）曾创作过关于机器人的系列科幻小说《我，机器人》。在小说里，他提出了著名的"机器人学三定律"："第一定律——机器人不得伤害人，也不得见人受到伤害而袖手旁观"；"第二定律——机器人应服从人的一切命令，但不得违反第一定律"；"第三定律——机器人应保护自身的安全，但不得违反第一、第二定律"。[7]小说里面，三条定律在执行中相互矛盾，使机器人无所适从。为了解决这一问题，我国著名哲学学者李德顺在"人工智能对'人'的警示"一文中，提出"机器人第四定律"："机器人自己不能决定时，要向人请示"。[8]其实，这些定律都是人类一厢情愿，他们还是将机器人当智能机对待，因为这种机器人是"受控"的，"执行人的指令"。

假如"不受控"的机器人出现，使得自然人不是以主体对待客体的方式，而是以主体对待主体的方式对待机器人，也就是说，自然人和机器人不是主客体关系，而是主体间关系，不是人机关系，而是跨人际主体间关系，自然人如何让机器人遵守人为法、人定法，遵守人间的伦理和法律呢？

我们知道，现有的伦理和法律是建立在人性基础上的。人性趋利避害，好生恶死。人类行为的规范化和制度化构建了人类社会的基本结构。伦理主要以规范形式出现，我们可以把它表达为直言律令：a.你应……，b.你不应……。而法律则是以制度形式出现，制度是规范的保障，我们可以把

它表达为假言律令：A.若你按应……行为，则……；B.若你不按应……行为，则……；C.若你按不应……行为，则……；D.若你不按不应……行为，则……。A与D等价，B与C等价；A、C是针对作为的，B、D则是针对不作为的。这里，符合规范的行为因得到奖励而受益，违反规范的行为因得到惩罚而受损。这也就是制度保障。通常，伦理道德是通过社会习俗、舆论维护的，法律是通过国家权威维护的。社会因集合个人力量而远远大于任何个人力量，国家不仅如此，而且通过强力凌驾于社会之上，因而远远凌驾于任何个人之上。

限于动物的智商，我们无法要求它们遵守人间的伦理和法律。因此我们对待动物，可驯化者驯化之，不可驯化者或剿灭之，或监护之。

但是，当机器智商（按照功能主义定义）达到人类水平甚至超过人类水平时，我们又怎样让其遵守人间的伦理和法律呢？首先，赋予机器人存在的快乐感和非存在的痛苦感。这一点可通过模拟自然人感觉实现，使其获得满足其存在的幸福感和剥夺其存在的恐惧感。其次，将伦理规范和法律制度转换为直言律令和假言律令，编写成计算机语言，使机器人在执行技术程序时同步执行自然人的伦理程序和法律程序。但是，困难不在于每一伦理规范和法律制度的具体语境（这一点可通过程序细化或者深度学习方式解决），而在于机器人会因其自主性而不受控，并修改程序。这就导致所谓人机大战，亦即机器人和自然人的普遍战争状态。这是一个超人类社会或跨人类社会的"丛林状态"：如果机器人智商低于自然人，自然人或将取胜；如果机器人智商高于自然人，自然人必将落败。这就是许多科学幻想所反映的人类对未来的普遍担忧。随着科学技术，尤其人工智能技术呈几何级数的增长态势，人类感觉危险越来越逼近了！

但是，对于自然人和机器人的关系，上述种种设想仍然遗漏了两个重要的可能性：首先，我们不能只考虑机器人的进化，不考虑自然人的进化。诚然，在生物进化意义上，自然人已特化，亦即不再具有自然进化潜能，但自然人仍然具有人为进化的可能，即通过科学技术的手段和方法实现进化，譬如通过脑科学开发人脑尚未开发的潜能，通过仿生学移植其他动物甚至其他生物优越的感觉能力，增强体力（体能），等等。人类可以超越自身。其次，人机界限不是绝对的，而是相对的，是必须突破并且能够突破的。我们现在总体处于人机外联阶段，智能机是在外部与自然人相链接，然而现在部分处于人机内联阶段，在部分身体器官中可以植入机器，譬如感觉器官、肢体、内脏器官，甚至在大脑中植入智能芯片。这样，自然人就永远不会落后于机器人，在智力上即使不会超过机器人智力，也会与机器人智力发展同步，这样就不会被替代，也不会被淘汰。只有在这样一种技术前景下，我们才能认真考虑自然人和机器人的跨人际主体间关系，考虑双方共同适用的伦理规范、法律制度和审美标准等。

参考文献

[1] 梅剑华. 理解与理论：人工智能基础问题的悲观与乐观 [J]. 自然辩证法通讯，2018，40（4）：1-8.

[2] 玛格丽特·博登. 人工智能哲学 [M]. 刘西瑞、王汉琦译，上海：上海译文出版社，2001，56-120.

[3] 阿尔文·托夫勒. 力量转移：临近21世纪时的知识、财富和暴力 [M]. 刘炳章、卢佩文、张今、王季良、隋丽君译，北京：新华出版社，1996，20.

[4] 经济合作与发展组织（OECD）. 以知识为基础的经济 [M]. 杨宏进、薛澜译，北京：机械工业出版社，1997，6.

[5] 奥尔多·利奥波德. 沙乡年鉴 [M]. 侯文蕙译，长春：吉林人民出版社，1997，193-213.

[6] 霍尔姆斯·罗尔斯顿Ⅲ. 哲学走向荒野 [M]. 刘耳、叶平译，长春：吉林人民出版社，2000，20.

[7] 艾·阿西莫夫. 我，机器人 [M]. 国强、赛德、程文译，北京：科学普及出版社，1981，1.

[8] 李德顺. 人工智能对"人"的警示：从"机器人第四定律"谈起 [J]. 东南学术，2018，5：67-74.

参差赋权：人工智能技术赋权的基本形态、潜在风险与应对策略

王 磊

作为一种引发经济生产领域颠覆性变革的技术，人工智能的急速发展正在影响着政治领域。"人类每取得一项划时代的技术创新都会带来治理工具的飞跃，并将影响社会治理形态的演进。"[1]21世纪以降，伴随互联网和智能技术的发展与普及，以大数据、人工智能、深度学习等为载体的智能科技正在改变人们的日常生活和行为方式。同时，随着电子政务、智能治理、智慧社会、智能经济的兴起，人工智能技术开始涉足政府改革、社会治理创新等公共领域，它正在开启当代经济、政治、社会的又一次重大变革。

党的十九大报告指出，当前迫切需要"推动互联网、大数据、人工智能和实体经济深度融合"，提高社会治理社会化、法治化、智能化、专业化水平。[2]在此，人工智能的工具性价值已受到执政党的高度关注，但我们必须看到，"人工智能在对经济发展、社会治理与民生改善做出贡献的同时，也将因技术发展的不确定性等原因导致社会治理存在从'数字民主'滑向'技术利维坦'的潜在风险"。[3]在此背景下，人工智能技术如何改变权力/权利结构，实现权力在治理主体之间的流动与再生产，政府又该如何应对技术赋权

带来的机遇与风险等问题，已经成为社会科学研究的重要议题。本文基于对人工智能技术赋权基本形态的分析，提炼了一个描述人工智能赋权特征的概念——参差赋权，它主要指涉人工智能赋权的不均衡性以及这种特征对社会造成的风险，并从技术扩散的阶段性与赋权对象的特征的角度，提出应对和防范参差赋权风险的策略集。

一、参差赋权：人工智能技术赋权的基本形态

随着智能时代的来临，人工智能技术开始赋予个体与组织在日常行为中增强自我控制与自我选择的能力，以期实现自我增权，即技术赋权。技术赋权是指"技术的出现使治理某方的权力、能力得到提升"[4]。人工智能的技术赋权可以理解为该技术能够提高治理某方的权力，改善治理效果，它是指行动主体为实现特定的价值规范与目标，以人工智能技术为媒介，通过特定行为实现价值目标和意愿的过程。这种技术赋权由以下要素构成：（1）意愿，即多元主体凝聚表达愿景、信念和期望以达成共同努力的价值规范和目标；（2）媒介，多元主体所拥有的用于实现价值规范与目标的资源和工具，在这里是指对人工智能技术的占有和使用；（3）行动，即多元主体凭借媒介将意愿现实化的过程；（4）评价，即多元主体对行动结果与意愿预期的比较与评价。从人工智能技术赋权的定义及其构成可见，技术赋权理论不同于传统赋权理论（empowerment theory），它并未对赋权对象的包容性和多元性加以限定。传统赋权理论主张帮助少数群体和弱势群体恢复平等争取资源分配的机会和能力（can-do），实现主体需求上的"赋能"（enabling），从而增进个体行为的预期目标和动机。[5]但这种理论忽视了技术对强势群体的赋权，尤其是人工智能时代，技术扩散决定了人工智能赋权的梯度之广，从普通公民到新媒体平台，再到党政部门，都受益于人工智能、大数据。

相对传统赋权理论家对弱势群体的关注，人工智能技术赋权的理论研究者更倾向于探讨赋权对象的多元性和包容性，以赋权对象的差异化性质描摹

人工智能技术赋权的参差性。有学者以赋权对象的性别特征为切入点，揭示技术革命带来巨大的性别民主和平权效应，并指出技术"给女性的赋权远远多于男性"。[6]从数据权的使用与开发的角度，有学者认为人工智能技术对公民和政府、企业等数据拥有者进行双向赋权。具体而言，一方面，公民赋予政府、企业等组织数据处置的权力，允许数据使用主体在特定范围内拥有并实施数据采集、分析、公开等基本权力。另一方面，政府、企业向公民赋权，意味着数据的开发使用必须保障"为民""利民""便民"等基本准则，确保数据的使用权和效益共用、共享。[7],p178此外，也有学者从国家与社会关系的角度，主张"互联网提供了一个舞台，让国家与社会相互赋权"：一方面，互联网塑造新社会运动；另一方面，互联网也加强了国家权力对社会的控制。社会秩序的稳定取决于技术创新、政治变革与国家和社会关系转型之间的关系。[8],p18因此，人工智能赋权对象的差异性特征决定了赋权结果的不确定性，即参差性，它是人工智能赋权的基本样态。

由此，有必要为人工智能的赋权设定一个"工具性定义"以便下文探讨：笔者将人工智能技术赋权过程及其结果展现的非均衡性样态，称为人工智能的参差赋权①。参差赋权是基于赋权对象的异质性，人工智能作为满足赋权对象差异性动机的工具，在赋权过程中展现出不同属性和差异化的结果，如表1所示。

表1　人工智能参差赋权的具体样态与特征

赋权对象	赋权动机	赋权属性	赋权结果	赋权样态
党政部门	政府治理工具的自主选择	政治属性	权力延伸	算法政治
社会媒体与公众	人民美好生活的需求	社会属性	权利扩张	智能生活数字民主
技术部门	技术的经济效益	经济属性（自然属性）	经济增效	智能经济

---

① "参差赋权"这一概念由南京大学新闻传播学院的潘祥辉教授于"江苏省第五届传媒科学研究生论坛"发表的主题演讲中首次提出。

依据赋权对象的公共性强弱，可将人工智能参差赋权的对象划分为三类：党政部门、社会媒体与公众，以及技术生产部门。人工智能作用于这三种对象，体现了人工智能参差赋权的三种不同样态和特征，并按照赋权对象的公共性与既有权力资源的多寡，呈现出"党政部门—社会媒体与公众—技术部门"单项递减的梯度差异。首先，从参差赋权的梯度来看，党政部门拥有较高的赋权程度和效度，处于赋权梯度的上层。党政部门因自身的权力优势，通过对人工智能算法的控制，编制更具隐秘性的权力网络，将权力嵌入人工智能的应用平台以加强国家监控能力和社会管理能力，这种赋权的本质是国家机器政治权力的延伸，是政府在多质态社会下对治理工具加以选择的结果。因此，人工智能技术作为一种治理工具，其权力维度（政治属性）产生的根源在于政府对治理工具的自主选择。

其次，社会媒体与公众使用人工智能技术，是以便利生活为目的，并适当使用人工智能进行维权或参与政策过程，因此他们处于赋权梯度的第二个层次。一方面，就公众而言，他们从满足自己美好生活的需求出发，应用人工智能的技术产品，如智能家居、智能支付、智能教育等，实现生活品质化、个性化与智能化。另一方面，人工智能赋予社会媒体互动性与易得性，"逐渐瓦解传统媒介原有的话语空间和权威地位，多样化了社会公共空间的意见构成，促进了民众对公共事务的参与度"。[9]当公众与社会媒体相结合时，人工智能的"话语赋权"与"身份赋权"有助于强化公众权利意识，维护必要的社会正义，在一定程度上可以监督政府行为，实现数字民主。因此，人工智能赋权具有社会属性，其本质是公民权利的扩张。

最后，技术部门主要负责人工智能技术研发和产品的生产、推广和销售，它以取得经济利益为目标，处于赋权梯度的底层。技术生产部门通过人工智能技术的突破以及技术产品的生产销售获得了巨大的经济利润。由"数据+算力+算法"定义的智能经济正在兴起。互联网消费作为满足公众美好生活需求的新型经济体，正在倒逼和拉动互联网产业的发展，特别是在汽车产业、生物医药等领域。人工智能技术发展的根本动力，仍然源自它所能创造的巨大经济效益。因此，人工智能技术的经济属性（自然属性）是其最基本、最基础的属性特征。

概言之，人工智能赋权在结果上呈现的梯度差异，是参差赋权的基本形态。上文是从三类主体的差异化特征入手，静态分析参差赋权的概念、构成和基本形态。然而，要回答形成这种差异性的逻辑是什么，以及应该如何理解这种差异性，我们还需要对参差赋权的发生逻辑进行动态分析，特别是分析人工智能如何影响权力/权利结构。

二、人工智能参差赋权的发生逻辑

从技术的产生和使用来看，人工智能参差赋权的动力源自以下两个方面的相互作用：其一，在技术"制造"与"使用"过程中，社会分工导致的"制造者"与"使用者"身份的分离，致使技术生产的目标和价值在"制造者"与"使用者"之间产生差异。这构成了人工智能参差赋权的根本动因。其二，作为两大"使用者"，公众与国家政府在俘获人工智能后，技术与权力和权利的双向叠加（即"权力增能"与"权利再造"）塑造了人工智能赋权的参差样态，成为参差赋权的直接动因。因此，人工智能参差赋权的发生逻辑可以归结为社会分工和技术扩散的共同作用。一方面，技术扩散使技术作为"人手"的物理延伸，开始扩散到政治社会领域，由此技术可以被普遍获得；另一方面，社会分工致使技术"制造者"与"使用者"相互分离，这意味着使用主体在占有和使用技术的能力上存在差异。

1. 参差赋权的根本逻辑："制造者"与"使用者"的分离

技术及其概念的产生与更新，源于人类对自然的经营和探索（劳动）过程、人类与自然的对立统一关系。技术源于人类在每个活动领域中形成的理性或者经验，它是具备"绝对功效"的方法的总和，是人类躲避自然的威胁、维持人类良善生活的重要途径。因此，人类基于"满足美好生活的需求"而制造并选择技术属性，该过程集中了人与物的意义，即人与"物"的辩证关系。从技术产生的本质来看，技术的"制造"是"物—质料"和"行为者—制作者"的互动过程，并包含有关人与物关系的三重属性。第一，人与物的自然关系是通过"制造"行为产生的。这是技术物理属性的外显，即人类改造质料以满足自身需求。第二，人在"制造"过程中，还产生了社会关系。生产是由作为社会成员的人的合作来实现的，因此只有理解生产关系背后存在的人类社会以及人与人之间社会关系，技术的社会属性才能显现。第三，人与物之间的关系并非总是单向的、稳定的，人与技术的双重自主性展现了人与物之间的政治属性。"制造"过程中的"人"是以"制作者"的身份出现的，人的自主性能够选择"制造"和"使用"技术工具的意图和方式；而"物"是"制造"行为的对象或客体，其具有的外在性和现时性（质料的基本性质）决定了"制造"行为必须遵守质料的性质和规律性。所以，技术的三重属性体现了"制造"过程是"物"与"行为者"之间的持续互动。其中，人既是"制造工具（tool-making）的动物"，又是"使用工具（tool-using）的动物"。[10]而人工智能参差赋权的根本逻辑就源自技术制造过程中的双重主体身份分离，也正是双重身份之间关系（主体间性）的不确定性和非均衡性，导致技术赋权展现出参差性样态。

　　从"制造工具的动物"视角来看，人工智能赋权的参差性源于技术被有目的地制造，是对"人手"功能的物理延伸，即人工智能技术是外在于我们的"物"，但它不是单纯的自然物，而是被赋予了特定目标和价值的客体。人工智能技术相对于主体（人）具有外在性，是物与主体间媒介性、中间性的外在表现，并通过这种媒介性来实现对人脑机能的补充，解决现实生活中的部分问题，如大数据计算与分析、城市大脑、辅助政府决策等。因此，人工智能技术被赋予了主体"制造""物"的能力与意图，这意味着制造出的工具（人工智能）被赋予甚至进一步扩大了"制造""物"的机能，技术作为超越身体限制的"物"被表现出来，从而人工智能具有辅助人类"解决现实问题"的物理机能。以此观之，人工智能被赋予了"制造""物"的主体目标，它始终是自然物、是客体，但从机能和目的来看，人工智能具有主体性和代理主体"制造"行为的作用。当人工智能的替代性超越了人肉体上、生理上的界线，即技术工具实现从"身体东西"（人手的延伸）到"非身体东西"（一般无差别劳动）的转变时，才有可能消除人类身体的界线、节约劳动力。

既然技术工具是人与自然物的中间存在，被赋予人"制造"的目的和机能，那它是如何塑造参差赋权的内在逻辑呢？要回答这一问题，还需从"使用工具"的视角加以讨论。为了实现某种前置的特定目标，工具的"制造"天然拥有人类在大自然中从事活动的基本意义——使用意义。具言之，技术工具的使用意义包含两个方面。其一，工具的制造预设了工具的使用价值。工具的制作与使用密切相关，多用途工具和单一工具都是从"使用能达成目的"的工具制造开始的。例如，人工智能可以用于家居、教育、安全等行业。其二，工具的使用价值使制作和使用行为的主体间性产生了变化。当工具的使用者和制造者是同一人时，社会分工尚不明显，制作和使用技术工具的目的高度重合，正如人工智能技术最早诞生于工业制造，其目的仅为满足机械化生产。但是，当工具超越人手的生物的、有机的能力时，工具可因其应用场景和使用者数量、范围，被划分为"通用工具"和"专门工具"。工具的专门化直接导致主体在应用技术的能力上出现一定差异。就人工智能而言，当技术发展跃出经济生产领域，并向社会政治领域扩散时，极易被其他强势主体俘获，并通过组织变革或流程再造接纳技术应用，以实现其既定目标。

从政治学视角来理解技术工具的效益时，要特别关注"制造"和"使用"行为主体之间的关系。在初始阶段，技术工具刚被发明出来，社会分工尚未形成，技术工具的"制造者"与"使用者"耦合，技术扩散的范围也有限，制造与使用技术工具的目标和原始价值相重合。但是，当技术工具的发展跃出初始阶段后，技术的社会化进程被开启，这意味着工具的使用不再具有排他性，技术开始影响政治社会领域。换言之，当"制造"与"使用"行为的主体分离以后，随着技术工具发展的复杂性，其使用效益开始在不同的领域和主体中展现出不确定性和非均衡性的特征。不同主体对工具的使用具有不同的期待，当他们能够俘获技术时，技术工具在使用中展现出来的意义自然是不同的，这是主体自我选择的过程。在技术生产过程中，党政部门与技术生产部门前期的巨大投入（基建、资金投入、政策扶持等）为他们赢得了技术赋权产生的巨大政治效益和经济效益；相反，处于技术生产链末端的公众对技术产品的消费主要是为使生活便捷和满足个性化需求，而并非完全是实现政治维权。因此，"相对于国家行政系统在国家监控体系中对信息技术的强势运用，公民权利保障机制中的网络技术维权完全处于弱势。这样，信息技术在国家制度框架——国家监控体系和公民权利保障机制中的运用就处于极不平衡的格局"。[11]

2. 参差赋权的内在逻辑：人工智能与权力/权利结构

参差赋权的发生逻辑还源自权力结构内部权力主客体与媒介的互动关系。一般而言，权力结构蕴含于特定的权力关系中，是权力主体与权力客体相互作用的过程，权力结构所反映的就是这种相互作用的效应，包括作用力的大小、作用的方向和方式以及作用效果等。[12], p.33因此，阐释参差赋权的发生逻辑，还需回到权力运作过程及其结构中，亦即需要分析权力作用的方向与方式，以及人工智能在该过程中的作用。

权力不论作为一种潜在的权力势能状态，还是作为现实力量，都会有一个指向，根据这种指向就会形成特定的权力运行轨迹，使权力沿着这一轨迹产生作用。同时，权力作为一种可被感知的现实力量，也正是从一定的作用方向和方式中体现出来的。这种轨迹一旦被确定，就构成了权力结构最基础的东西，即权力运行的空间。在该空间中，"权力主体与权力客体之间的相互作用并非是直接的、直线的"。[12], p.34权力主客体之间存在着大量的媒介，其作用在于改变权力在主客体之间的作用方式，因而权力只能间接地、曲折地对客体施加影响，这就导致权力作用的不确定性。在理论上，权力作用是权力主体向客体施加影响力的过程，其方向是单向的。而"媒介"的存在不仅使权力运行的强度有所改变（增强或削弱），而且会改变权力作用的方向。因此，在媒介的作用下，某一部分权力作用转向，甚至权力主体被客体反制，正如我们看到的"数字民主"。同理，与权力过程相对的权利过程，也因媒介作用导致权利流向发生偏转，权利主体被权利客体反制，正如我们看到的"算法政治"等。[13]

在上述两种作用过程中，参差赋权的发生逻辑在于：人工智能作为媒介嵌入权力/权利结构，对权力/权利主客体进行双向性赋权，而这种双向性赋权的结果并不稳定。技术扩散致使人工智能的两大"使用者"——公众与国家政府在俘获人工智能技术后改变了原有的权力/权利结构。技术赋权导致的"权力增能"与"权利再造"加剧权力与权利之间的张力，塑造了人工智能赋权的参差样态，从而成为参差赋权的内在动因，如图1所示。

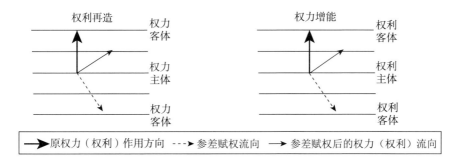

图1　参差赋权的权力/权利作用结构

从权力结构来看，人工智能在权力作用过程中赋权于民，形成"权利再造"并改变了原来的权力流向及其效果，使政府权力受到监督和制约。政治权力作用的方向总是自上而下的，即从权力主体流向权力客体。当人工智能向权力客体赋权时（赋权于民，被公众用于对抗政治权力时），相当于施加一个与原有权力作用方向不一致的力，此时原有的权力流向就会偏转，并向权力主体靠近。从其效果来看，权力主体受到了客体的制约，政治权力不能再直接作用于权力客体，它需要寻找更为隐秘的统治形式。因此，技术赋权为扩大公众权利预留了空间。

另一方面，从权利结构看，人工智能同时也是政府的治理工具，在公众用以维护自身权利的过程中，它又为政府控制社会、风险治理、信息传播等政府治理过程和政治传播行为锻造有力的武器，增强了政府统治职能。从权利作用的过程来看，其方向是自下而上的，是权利主体对权利客体施加影响的过程；当人工智能向权利客体赋权时（被国家俘获时用于政治统治），相当于施加一个与原有权利流向不一致的力，此时原有的权利流向就会改变。因此，政府可以反制公民权利，加强对公众的数字监管，用一种较为隐秘的方式——技术权力，对公民社会进行监管。

从权力/权利作用的结果来看，参差赋权是一个双向过程，它既能对国家权力体系赋权，也能为公众建立权利保障机制。总体而言，权力/权利流向客体时可能会出现以下几种情况：第一，完全被客体吸收或基本被客体承受；第二，大部分被客体吸收，有少量在作用过程中被消耗或被客体和媒介反弹；第三，少部分被客体接受，大部分被反弹；第四，全部或者基本被反弹。部分被吸收说明权力/权利效用不彻底，只在一定程度上改善了客体行为。权力/权利作用效果被吸收，意味着会产生相应的效应，使客体的行为符合主体意志。人工智能能够改变权力/权利主客体之间的关系，营造良好的权力/权利运行环境，它具有优化政府决策流程、提升政府回应能力、有效缓和权力主客体之间的关系、使得权力/权利结构运行通畅的功能。如果权力/权利效用全部被反弹而未被吸收，则表示客体正在以某种形式对主体形成反制。这种反弹会受到中间媒介的影响而展现出不同的反制效果，特别是"权力反弹"，还有需要区分以下几种情况：首先，反弹的力量不受中间媒介的影响，"原路返回"直接作用于主体，例如一些国家爆发的反政府行为以及政府军事武装直接镇压；其次，反弹力量需要在中间媒介的作用下曲折地返回主体，例如"西安奔驰"事件中利用互联网形成舆论压力促使政府采取市场管理行为，以实现对公民权益的保护；再次，反弹力量一部分被中间媒介吸收或消耗，另一部分被反射回主体，例如人工智能和互联网整合、吸纳公众需求后重启政治议程；最后，反弹力量全部被中间媒介消耗或吸收，例如人工智能在生物医药、教育、家居领域的运用能满足人类对美好生活的需求，从而缓解政治输入端的压力。在后三种情况中，人工智能作为中间媒介承担着"卸力"的作用，也具有"助力"功能，但这两种功能相互作用的结果并不稳定。具体而言，人工智能之于政府具有精准识别公众需求的作用，能帮助政府主动、及时回应需求，缓解政治输入端的压力，实现政治稳定；反之，人工智能之于公众具有汇聚意见、提供表达渠道甚至对政府行为施压、监督的作用。因此，"目前，对人工智能的权利与权力问题还说不清楚，人工智能源于常态生活，但已步入非常态领域……因而形不成以权利结构制约权力的机制"。[14]

　　总体而言，人工智能的参差赋权具有以下特征：第一，参差赋权具有过程性，它反映国家、市场、社会凭借技术实现权力与权利双向、动态的交流与反馈的过程；第二，从过程来看，参差赋权具有不确定性，从结果来看，赋权造成的"权力再分配"与"权利再生产"具有不均衡性，权力与权利之间的流转因为技术段位以及适用对象的自主选择而凸显出过程和结果的不确定性；第三，赋权主体具有多中心性，即既非以国家、政府为中心，也非以社会或市场为中心。这三种特征贯穿于人工智能技术社会化的全过程，也正是源于参差赋权的这些特征，当人工智能为不同主体赋权时就会产生一定的风险。具体的风险有哪些，以及如何应对人工智能风险的社会化和政治化，正在成为社会科学预判性研究的热点，也是下文探讨的重点。

三、人工智能参差赋权的潜在风险

　　在此，本文对人工智能参差赋权潜在风险的划分仍遵照前文，按照党政部门、社会媒体和公众以及技术生产部门三大主体将潜在风险划分为"技术利维坦""信息茧房"（Information Cocoons）和"公民离散"以及"技术鸿沟"三类。需要注意的是，文中对风险的类型学划分是为了强调参差赋权的不确定性，但并不意味着三类风险是独立存在的。所以，这部分的论述将先从党政部门、社会媒体和公众以及技术生产部门三个层面分析人工智能赋权的潜在风险，然后从政府与社会关系的维度，探讨三个层面的风险相互叠加后构成的风险社会。

因人工智能技术段位的局限，它被主体选择使用时会产生潜在风险。从参差赋权的发生逻辑来看，其社会风险是以下两大因素共同作用的结果，即赋权梯度中"制造者"与"使用者"的主体二分，以及不同主体俘获并使用人工智能技术的能力差异。因此，针对党政部门、社会媒体和公众以及技术生产部门三大应用主体，参差赋权的潜在风险可以分解为三个层面，如下表所示：

表2   参差赋权潜在风险的三个层面

赋权梯度	赋权程度	赋权能效	风险类型	政府社会（企业）关系
党政部门	高	权力增能	技术利维坦	控制者——控制对象
社会媒体与公众	中	权利再造	信息茧房 公民离散	监督者——监督对象 监督对象的反制
技术生产部门	低	经济生产	技术鸿沟	支持者——支持对象

第一个层面来自处于赋权梯度高位的党政部门。因自身的权力基础，党政部门在对人工智能技术的占有和使用上具有巨大的优势，由此导致支配与服从关系并衍生出权力势差，进而加强了政府权力下渗和对社会的控制。当权力裹挟着技术发展推动社会治理变革时，技术革命产生的"新权力空场"为国家俘获新兴技术、施展技术权力效能提供物质基础，一旦这一空场被技术权力占据，"技术利维坦"就会产生。因此，就人工智能与参差赋权而言，"技术利维坦"表现为国家可以利用人工智能技术的工具性价值复述、勾勒、数字化和再现国家权力的"虚拟镜像"，以更为隐蔽的方式加强国家监控和社会管理能力。[3]有学者认为"国家能够在互联网、大数据等信息技术中建立多样的'监督'机制达到有效的网络审查和社会监控"。[15]

因此，作为参差赋权潜在风险的第一个层面，"技术利维坦"的风险首先表现在，当人工智能被国家权力俘获用于社会控制时，可能会导致技术权威和独裁，加剧寡头统治的风险。技术并不是中立的，尤其与权力结合后会产生巨大的政治影响，这体现在国家权力体系利用技术优势实现政治控制，以达到社会治理的目标。"中国政府扮演了人工智能技术的设计者与开发者的角色，这一事实使得非政府行为体无法施加政治影响。"[8], p.13其次，在此基础上，传统官僚制可能很难完全释放数据、算法和权力，达到开放性和共享性。既然国家希望通过建设技术平台将权力和国家意志编入技术平台及其规则之中，那么，公众作为技术平台的使用者和被监控者，只能被迫遵守平台规则而无法实现超越和突破。这种技术平台的产生具有明显的政治性，其内在的政治规则暗含着国家权力，是国家权力意志的隐秘表达。

第二层面的风险源自人工智能向社会媒体与公众的赋权，即"权利再造"。这个过程极易被权利客体（政府）所反制，因此，它处于赋权梯度的中间层次，赋权程度弱于党政部门。理性选择理论认为信息和个人行动的关系是工具性的，信息的丰富性与交易成本决定着政治权利过程。技术媒介在政治过程中的作用在于"看不见的技术可以使看不见的东西被看见"。随着人工智能、大数据的兴起，信息可获得性和议程可进入性降低了权利表达与施展的成本，使公众有更多的机会进入政治领域。但对于公众而言，信息环境以及信息获取能力不平衡、公众注意力分配不均衡，导致"人们只听他们选择和令他们愉悦的东西"，这意味着公众有限的信息渠道将他们封锁在"信息茧房"中。[16], p.8在一定程度上，社会媒体的智能化会加剧这一现象。在信息爆炸的今天，如何快速有效获取信息成为一大难题。人工智能等信息通信技术通过大数据分析，能够为每一个公民提供个性化、精准化的用户画像，"当人们只选择自己关注或符合自己需要的信息时，结果可能是作茧自缚，或成为井底之蛙，使自己失去对环境的完整判断"，"如果所有人都被这样的茧房所束缚，公共信息的传播、社会意见的整合、社会共识的形成，也会变得日益困难"。[17]人们因自己的立场和偏好，固守自己的信息圈子，各种圈子之间缺乏沟通，因而相互割裂甚至对立。因此，人工智能在一定程度上强化了人群分化、公民离散，可能存在加剧社会碎裂的风险。

此外，在人工智能向社会媒体与公众赋权时，政府拥有较大的自主性，政府权力会随时出现并反制权利主体。笔者称这一现象为"政府权力的选择性在场"，它主要是指人工智能技术的发展使政府权力在一定程度上由原来的直接控制转变为幕后监管，但是当公民利用技术手段对社会稳定造成损害，如网络民族主义、网络民粹主义出现时，政府权力就会履行其政治职能，对权利主体形成反制。简而言之，在人工智能时代，舆论的注意力是一种稀缺资源，当注意力过于集聚并影响社会稳定时，就会呼唤政府权力进场。在这种状态下，国家与社会关系变得十分复杂且不稳定。因此，在一定程度上，人工智能参差赋权一方面加剧了社会分裂，另一方面也强化了权力主客体之间的对抗。

第三层面的风险主要发生在技术生产部门。先进技术的排他性天然地将生产部门划分为技术持有者和技术缺失者，产生技术鸿沟。因此，人工智能的技术研发、生产的经济收益，在公民之间、不同企业之间甚至不同国家之间的分配并不均衡。技术持有者享受着巨大的"技术红利"，而技术缺失者随时面临被市场淘汰的风险。此外，政府资金扶持和政策支持会加剧利益分配的"马太效应"：技术持有者，如大型跨国企业，掌握着先进技术与庞大的资金，开始垄断市场攫取巨额利润，而"技术红利"的"涓滴效应"较为缓慢，在经济利益分配上形成巨大的不平等。

综上所述，"新技术发展的未知性、新技术社会后果的不确定性，以及与新技术产物互动的无法预见的结果，导致新技术的风险问题"。[18]人工智能参差赋权的社会风险是上述三个层面相互影响、相互叠加的产物。因此，如何规避这种风险，如何驯化这只"利维坦"，已经成为人工智能时代政府所面临的重要任务。

四、应对人工智能参差赋权风险的策略选择

人工智能的"参差赋权"样态表明我们当前所处社会结构正在经历又一

次变革，在理解其发生逻辑以及主要特征与表现的基础上，进一步延伸的问题就是如何通过治理创新规避人工智能的潜在风险，释放"人工智能+"的工具价值。为此，笔者从党政部门、社会媒体与公众以及技术生产部门应对风险的策略选择着手，引入一个新的分析框架，来阐释三大主体应对风险的策略类型以及这些策略的过程性分布。

1. 防范风险的策略类型及其构建

行为主体在抵制技术发展带来的变迁时会采取相应的应对策略。譬如，国家政府作为政治权力的主体，当政权和社会稳定受到挑战时，它会立即采取具有强制性的规制性策略。这种规制性策略产生于特定场域，是权力主体应对风险时的自我选择，其目标是重建该场域内特定制度和政治秩序。如果特定场中只有一种风险，那么应对策略的选择不存在优先级和多样性。而在该场域中存在多元主体时，他们会根据自身特征和需求有目的地选择应对风险的策略，同时在一定的时间轴上产生优先级。W.理查德·斯科特（W. Richard Scott）按照制度在抵制变迁时展现出的特征，将制度分为三个层面：规制性制度、规范性制度、文化—认知性制度。[19], p.58笔者根据斯科特的划分，将不同主体应对人工智能参差赋权风险的策略大致划分为"规制性策略""规范性策略"以及"认知性策略"，详见表3。

表3　应对参差赋权风险的三种策略类型

策略类型	策略层级	内在逻辑	价值规范	实施机制
规制性策略	制度层面	强制性	公平正义	社会救济政策、社会福利政策
				人工智能税与最少受惠人的利益最大化
规范性策略	应用层面	适恰性	自由平等	信息安全、数据共享
				学习与进修、数据参与
认知性策略	技术层面	发展性	人技和谐	技术信任：正确的价值引导
				个体幸福：人机共生、合作共谋、权益共享
				可持续发展：科技向善助力社会发展

规制性策略是指党政部门为获取或平衡特定场域中的政治秩序、实现社会稳定而采取的强制性策略。主体通过制定和实施法律、法规等强制性规则，加强对风险源的控制、约束或奖惩，从而限制技术产生的"不平衡""不公正"问题。具体而言，人工智能技术参差赋权造成的权责不对等、利益分配不均衡等风险要求党政部门在弥补风险时，必须围绕"公平正义"的价值规范，从制度层面来规制技术鸿沟，调节、再分配利益以实现社会平等。因此，党政部门应当从原来扶持人工智能技术发展的经济政策和产业政策转向社会救济政策和社会福利政策，以实现"最少受惠人的利益最大化"。

规范性策略主要是指社会中存在的"价值观和规范"，这种策略规定了"事情应该如何完成，并且规定追求所要结果的合法方式或手段"，[19], p.63 它指向运用人工智能技术实现特定目标的过程。规范性策略的"价值观和规范"遵循适恰性逻辑，斯科特认为这种价值规范不具有普遍约束力，不同行为者或指定的社会职位对于什么是适当的目标与活动的观念是不同的。因此，社会媒体与公众所选择的规范性策略是不同的。这种策略主要产生于人工智能产品的应用层面，特别是社会媒体运用人工智能和算法来对公民的"数据信息"进行分析、为用户画像，"智能化"地推送新闻产生信息茧房和数据泄露等风险。因此，媒体应当围绕"自由平等"的社会规范加强新闻伦理，保障公民信息安全，实现数据共享。对于公众而言，要在人工智能赋权时，不至于被"反制"或"作茧自缚"，就应当认真学习与人工智能有关的技术知识，加强风险认知，强化数据权利意识，实现以"数据权利"制约"数据权力"，从而对抗权力鸿沟。[7], p181

认知性策略是技术生产部门关于社会实在的共同认识，即技术生产部门需要预判性地了解甚至掌握人工智能技术潜在的经济、社会和政治风险。这种策略以发展性为内在逻辑，追求"人—技"和谐的价值规范。认知性策略不同于规范性策略，前者强调行为主体自我认知和自我约束，而后者强调来自现有社会价值的外在规范。在报告《产业互联网：构建智能+时代数字生态新图景》中，腾讯研究院明确提出了"技术信任""个体幸福"以及"可持续发展"三个层面的科技伦理规范，以应对"科技缺乏约束对社会治理带来的挑战"。[20]因此，这种策略具有基础性，是行为主体主动防范风险的自主行为。

如上文所言，在不同的场域中三种防范策略会有优先级排序。这种优先级首先源自人工智能技术发展段位，技术发展的阶段决定着技术应用场景以及治理场域的基本特征，创造出技术应用和技术风险治理的情景。另一方面，这种优先级还是行为主体应对不同治理情景自主选择策略工具的结果。因此，厘清行为主体、治理情景与策略选择之间的关系，有助于理解应对人工智能技术赋权风险的动态过程和内在逻辑。

2.行为主体、情境与防范风险的策略选择

为了理解和探索行为主体防范风险的策略选择逻辑，同时将行为主体与"情境"（由社会复杂性和技术段位共同构成）的关系置于互动的框架之内，笔者借用皮埃尔·布迪厄（Pierre Bourdieu）的场域理论来描述行为主体、社会情境与策略选择之间的动态关系。布迪厄从"关系"的角度思考"场域"，并将其定义为"在各种位置之间存在的客观关系的一个网络"，用以描述在"场域"中占据特定位置的行动者在"分配结构中实际的和潜在的处境，以及与其他位置之间的客观关系"。[21], pp.133-134因此，当以"场域"理论来阐释主体、情境与策略选择之间的关系时，我们必须把握以下三种关系：第一，行为主体间性；第二，行为主体与情境变迁的关系；第三，行为主体围绕情境变迁与风险而建立的策略选择模式。

首先，在被技术加持的、高度分化的社会中，行为主体之间的关系是复杂的、不可化约的，其力量对比状况塑造着某个特定场域的权力结构。布迪厄认为在特定的场域中，主体拥有的特定的资本数量决定着行为主体在场域中的位置以及他们争夺权力、资本所采取的策略。[21], p.136从上文分析来看，参差赋权在为行为主体提供改变力量对比状况的机会时，更可能强化权力强势者，从而加剧社会权力结构的"马太效应"。因此，人工智能时代展现出这样一幅参差赋权图景：党政部门采取规制性策略加强权力下渗，技术生产部门采取认知性策略维护经济效益激增，社会媒体和公众采取规范性策略满足生活需求，这三种赋权力量并不处于均势状态，政府权力的"选择性在场"对这三种图景的塑造起着决定性作用。

其次，在场域中，行为主体在推动技术发展和情境变迁时的能动性决定了策略抉择的不同内在逻辑。既定场域中，行为主体具有选择使用何种工具以实现预设目标的主观能动性，行为主体的自主选择决定了技术发展与情境变迁的方向和性质。策略选择的自主性和能动性是人意识活动的直接结果，建立在对风险、技术与情景正确认知和准确预判的基础之上，其本质是推动技术发展和社会演进，以实现"人自由而全面的发展"。因此，技术发展和情境变迁是"人化"的结果，这导致在人工智能时代，党政部门、社会媒体与公众、技术生产部门采取了不同的防范策略（分别以强制性、适恰性和发展性为内在逻辑），以对抗风险。就党政部门而言，必须利用自身的权力优势，通过垄断或强制性手段加速适应和占有新兴权力与资源，为实现国家政府的政治统治和社会管理功能夯实基础。该过程体现了国家政府作为暴力机器在技术应用和占有上的强制性与规制性。就公众和媒体而言，人工智能的功能除了满足日常生活的需求，更在于它能够"把公民的抗议更多地调整为理性的数据抗争""把数据表达前置于政府决策过程之中，而非在决策过程之后以消极的方式来阻止执行过程"。[7], p.177这要求公民对人工智能的使用要坚持适恰性逻辑，不能破坏现有政治秩序，否则政府权力将"选择性在场"。对于技术生产部门而言，技术的演进是其生存的动力，这意味着技术生产部门一方面要保障技术的可持续发展；另一方面，还需要兼顾技术扩散的外部性，以科技助力社会发展。因此，坚持可持续发展是技术生产部门研发人工智能的内在逻辑。

最后，场域是行为主体、技术风险与防范策略抉择的关节点，在特定的场域中技术段位、行为主体类型、风险特征共同塑造了行为主体规制风险的策略选择。这表现在两个方面：其一，特定场域塑造了主体身份，特别是决定着不同主体手中的"权力存量"。按照布迪厄的理解，场域作为一种客观存在的关系网络（network）决定着不同行动者在权力分配结构中实际的和潜在的处境（situs），以及主体之间的客观关系。换言之，不同类型的主体在权力分配结构（既定场域）中占有不等量的权力或资本，这就意味着他们把持了在既定场域中利害攸关的"专门利润"（specific profit）的得益权；同时在质与量上的不均衡会衍生出主体之间不对等的客观关系（屈从关系、依附关系、支配关系，等等）。[21], p.134其二，特定场域的存在决定了风险特征与类型，同时，风险的特征和类型决定了行为主体的策略选择，即"有什么样的社会就有什么样的风险治理"。社会风险的治理行为和策略是社会发展的阶段性特征与治理主体自主选择的共同结果。社会治理的方式和策略"都不是施行治理行为的组织或人员自己主观决定的，而是由其社会本身的成长程度、发展程度、文明程度等等客观情形决定的"。[22]所以，防范风险的策略选择是行为主体在既定场域中为克服技术风险，对社会存在进行认知、预判并进行权力资源互动的产物。

总体来说，风险防范策略是在既定场域下行为主体为适应特定情境而采取的特定手段和方式。技术发展的阶段性决定着风险的类型与特征，对抗风险的策略选择基于技术发展的阶段性而展现出过程性。因此，如何分解技术发展的阶段并选择各阶段的风险应对策略，以及如何将技术发展的阶段性与应对策略的优先级相匹配，将是下文重点要解决的问题。

3.防范风险策略集的过程性分布

技术是社会发展到一定程度的产物，那么由技术产生的社会风险及其应对也属于社会历史范畴，即防范参差赋权风险的策略选择与运作也受到时间变量的影响。因此，笔者将技术发展大致分为技术产生、技术扩散以及技术弥散三个阶段，与此相对应地将策略运作划分为预判、调试与干预三个过程性的环节，并通过这三个阶段的划分，分析三种策略在对抗风险时的过程性分布，如表4所示。

表4　应对参差赋权风险策略的过程性分布

防范参差赋权风险的策略集	技术发展与策略运作阶段		
	技术产生阶段	技术扩散阶段	技术弥散阶段
	预判	调试	干预
规制性策略			
规范性策略			
认知性策略			

作为策略运作的第一阶段，预判环节发生于技术产生之初，在此阶段行为主体（技术生产部门）主要使用认知性策略。预判是指依据某些无关的、潜在的线索或与事件没有直接关联的情况做出的判断，与预测有较大区别。预测强调利用现有技术或已掌握的知识，预先推测或判断事物未来发展状况，譬如利用遥感技术预测地震。而预判与技术产生同时进行，因而该过程还没有可依赖的技术基础。因此，技术生产部门在发展人工智能的同时，还要预判人工智能对未来社会造成的影响，描述人工智能技术发展定位等一切可能存在的影响和可能产生的后果。从经验来看，防范参差赋权风险的认知性策略主要解决两方面的问题：首先是对技术本身的认知，即人工智能本身存在的技术问题以及未来如何突破；其次是人工智能潜在的社会影响，即人工智能技术的现实应用。这两个问题的普遍性决定了认知性策略贯穿于风险应对的整个过程。因此，认知性策略是防范风险的策略集中最基础、最基本的成分。

调试环节发生于技术向其他领域扩散的过程中，社会媒体与公众作为人工智能产品的应用主体，具有对该技术进行评价与反馈的责任和义务，技术生产部门依据评价和反馈对技术进行查错、排错或纠错，该阶段行为主体主要使用规范性策略。当基于满足特定目标的技术向其他领域扩散时，其产品被社会媒体与公众使用后产生的评价和反馈会直接作用于新一轮的技术研发和扩散，以实现技术革新，发挥更好、更稳定的社会效果。因此，调试环节是认知性策略与规范性策略共同作用的结果，是社会价值逐渐嵌入技术生产的过程，该环节的约束力源自技术部门的自觉遵守，因而该环节不具有强制性。技术一旦"失控"，或者社会价值和规范失去对技术的拘束力，那么我们就要思考"是否要用'政治'锁死科技"。[23], p.181

当技术产品的占有和使用不再具有排他性和竞争性时，技术就步入与社会各个领域相融合的阶段，即技术弥散阶段。在该阶段，技术与社会的充分结合致使技术风险向普遍化与社会化转变，仅依靠认知性策略和不具有强制性的规范性策略不足以对抗技术风险，因此，我们需要具有强制性的规制性策略来应对技术风险的普遍化，即需要政府干预和规制。弥散阶段的技术风险已经开始破坏现有政治秩序，"技术利维坦""信息茧房""公民离散"和"技术鸿沟"的相互叠加在加剧社会分裂和不平等的同时，还导致了"预判失灵"和"调试失败"的问题。因此，我们需要政府运用强制性权力控制技术风险，弥补技术产生的外部负面效应以维护社会的稳定，实现技术化归。此外，政府的这种终结性策略运作表明，政府容许技术试错，但政府还是试错成本的最终承担者。规制性策略一旦被前置于前两个阶段，那么它就可能会遏制技术创新与发展。因此，政府作为社会管理者和权力持有者在促进技术发展的同时，还必须要保障成果相对公平、公正地在各主体之间实现共享。所以，从整个策略集的作用阶段来看，政府的权力隐遁在各个环节之中，当任一环节出现失范，政府权力就会"选择性在场"以管控风险，缩小技术外部负面效应。

从这种过程性分布来看，整个防范风险的策略集展现出技术生产部门自觉调整、社会价值的道德规范与国家权力的强制性规制共同作用的特征。其中，政府的规制性策略是风险防控的底线，承担奖惩与再平衡的兜底责任；以社会价值和规范为核心的规范性策略具有导向作用，维护"技术发展为人服务"的科技伦理；而技术部门的认知性策略是其他策略发挥作用的基础，是技术生产部门的自省、自查。

五、结论与再思考

本文提炼了一个描述人工智能赋权特征的概念——参差赋权，它主要指涉人工智能赋权的不均衡性以及这种特征对社会造成的风险。首先，笔者从技术与工具制造主体——使用者与制造者的二分以及权力结构中主体之间的相互作用阐释了参差赋权的发生逻辑。接着，通过描述人工智能参差赋权造成的三种风险，发现人工智能更倾向于对强势主体赋权因此会加剧"技术利维坦"的风险，特别是政府权力的"选择性在场"能够对社会媒体与公众的权利形成反制。最后，通过提出三种防范参差赋权的策略，指出政府的规制性策略具有兜底作用，是防止风险最有力的武器和最终保障。可见，政府及其强制性权力在解释参差赋权现象、描述参差赋权结果和规避参差赋权风险的过程中具有主导性地位和兜底性作用。

因此，笔者以为，我们在谈论社会治理或者技术治理时，要慎用"去中心化"论断。从全文分析看，人工智能赋权的不确定性及其潜在风险决定了我们在建构和完善智能化社会治理的制度设计与实践机制时，不能盲目倡导"去中心化"的论断。首先，从对风险管控的过程性分布的分析来看，如果不对风险治理领域及其策略进行划分，奢谈多元共治是一种不负责任的说法。对参差赋权风险的治理不是"九龙治水各管一段"，而是不同主体在技术发展的不同阶段立足于促进社会公共福利而展开的多层次、宽领域、整体性、交叉性的治理模式。其次，政府仍是调节和规制参差赋权风险的公共政策的提供者，特别是对调节技术鸿沟和社会不平等具有兜底责任。不能因为政府部分职能的转移或者权力隐遁，就说是"多中心"或形成"去中心"模式。其三，在鼓吹"多中心"或"去中心"治理模式时，还需要考虑除政府以外的主体承接能力的成熟程度和政府职能转移力度之间的适恰性与匹配性。

面对参差赋权的风险，我们需要从总体上正视各类主体在参差赋权风险治理过程中的地位和作用，才能实现人、技术和社会之间的良性互动。笔者并不是一位"技术灾变论者"，而是试图以一种"审慎的态度"，从整体上理解人工智能赋权、潜在风险及其治理。"由于人工智能造成的纷繁复杂的挑战似乎都来自单一的技术来源，因此，也应该寻求一个一致的概念起点。虽然这并不能解决观点冲突问题和弥合应对策略的学科分界，但这种统一的做法意在反对只考虑人工智能的个别表现所带来的特殊挑战。对症状的表面现象进行治疗，无助于解决导致问题的根源"。[24]

参考文献

[1] 王磊. 人工智能：治理技术与技术治理的关系、风险及应对[J]. 西华大学学报（哲学社会科学版），2019，38（2）：82−88.

[2] 习近平. 决胜全面建成小康社会 夺取新时代中国特色社会主义伟大胜利[M]. 北京：人民出版社，2017，49.

[3] 王小芳、王磊."技术利维坦"：人工智能嵌入社会治理的潜在风险与政府应对[J]. 电子政务，2019，16（5）：86−93.

[4] 季乃礼、吕文增、李鹏琳. 互联网治理视角下的基层政府技术赋权问题研究[J]. 中共天津市委党校学报，2018，24（1）：71−77.

[5] Jay, A. C., Rabindra, N. K. 'The Empowerment Process: Integrating Theory and Practice'[J]. *The Academy of Management Review,* 1988, 13 (3): 471−482.

[6] 潘祥辉、杨鹏."马云爸爸"：数字时代的英雄崇拜与粉丝加冕——一种传播社会学分析[J]. 探索与争鸣，2018，34（9）：65−75.

[7] 高奇琦. 人工智能：驯服赛维坦[M]. 上海：上海交通大学出版社，2018.

[8] 郑永年. 技术赋权：中国的互联网、国家与社会[M]. 邱道隆译，北京：东方出版社，2013.

[9] 张耀兰. 新媒介技术下的"赋权"范式浅析——以自媒体为例[J]. 传播力研究，2018，2（36）：95−96.

[10] 仓桥重史. 技术社会学[M]. 王秋菊、陈凡译，沈阳：辽宁人民出版社，2008，54−62.

[11] 肖滨. 信息技术在国家治理中的双面性与非均衡性[J]. 学术研究，2009，52（11）：31−36.

[12] 李景鹏. 权力政治学[M]. 北京：北京大学出版社，2008.

[13] 汝绪华. 算法政治：风险、发生逻辑与治理[J]. 厦门大学学报（哲学社会科学版），2018，66（6）：27−38.

[14] 何明升. 智慧生活：个体自主性与公共秩序性的新平衡[J]. 探索与争鸣，2018，34（5）：21−25.

[15] Christopher, R. H., Gudrun, W.. *China and the Internet: Politics of the Digital Leap Forward* [M]. New York: Routledge Curzon, 2003, 60.

[16] 凯斯·R，桑斯坦. 信息乌托邦[M]. 毕竟悦译，北京：法律出版社，2008，8.

[17] 彭兰. 更好的新闻业，还是更坏的新闻业？——人工智能时代传媒业的新挑战[J]. 中国出版，2017，40（24）：3−8.

[18] 张成岗. 新兴技术发展与风险伦理规约[J]. 中国科技论坛，2019，35（1）：1−3.

[19] W.理查德·斯科特.制度与组织——思想观念与物质利益[M].姚伟、王黎芳译,北京:中国人民大学出版社,2010.

[20] 腾讯研究院.产业互联网:构建智能+时代数字生态新图景[EB/OL],腾讯云,https://www.chainnews.com/articles/986544624534.htm. 2019-05-16.

[21] 皮埃尔·布迪厄、华康德.实践与反思——反思社会学导引[M].李猛、李康译,北京:中央编译出版社,1998.

[22] 乔耀章.从"治理社会"到社会治理的历史新穿越——中国特色社会治理要论:融国家治理政府治理于社会治理之中[J].学术界,2014,29(10):5-20+307.

[23] 弗朗西斯·福山.我们的后人类未来:生物技术革命的后果[M].黄立志译,桂林:广西师范大学出版社,2016.

[24] Hin-Yan, L. 'The Power Structure of Artificial Intelligence'[J]. *Law, Innovation and Technology*, 2018, 10(2): 1-33.

面向技术本身的人工智能伦理框架：
以自动驾驶系统为例

潘恩荣　　杨嘉帆

从18世纪大规模机器换人以来，人机之间是"对立"还是"共生"关系，就处于工程伦理讨论中，①到人工智能时代仍是如此。[1]但是，目前关于人工智能伦理的探讨过于聚焦"对立"，使得问题争论持久不断，现实的解决方案却迟迟难以推行。以自动驾驶为例，一方面产业界早已等不及伦理专家对问责问题等的方案，便开始准备现场实施，试图"摸着石头过河"。但可以预见社会将为此付出巨大代价，这也可能引发社会强烈抵制而导致自动驾驶等人工智能项目夭折。另一方面，技术专家"请"伦理专家拿出类似"电车难题"中应该撞向谁的伦理方案，然而伦理专家发现这个重任不是他们所能承受的，这样转移责任的做法也不是应有之举。

我们认为，以上难题是技术与伦理各自独立甚至对立引发的后果。如果

---

① 马克思在《资本论》第一卷第十三章中记录了尤尔博士对18世纪英国工厂的描述，即工厂可以看作工人看管的生产机器体系，也可以看作有自我意识的器官组成的庞大的自动机。马克思认为两种说法互换了人和机器的主客体关系，在前一种说法中，人是积极行动的主体，人机关系以共生为主；在后一种说法中，人只是作为有意识的器官，与自动机无意识的机械器官并列，是从属于自动机这一主体的客体，人机关系以对立为主。

能发展出一种面向技术本身的人工智能伦理分析框架，我们可以避开或破解上述问题。因此，我们首先梳理国际上的人工智能伦理问题，阐述面向技术的人工智能伦理分析的必要性，接着从人工智能技术本身挖掘技术设计思路，以自动驾驶系统为例，围绕问责问题，建立一种伦理分析框架。

一、人工智能伦理问题

尽管关于伦理问题的共识在增强，如IEEE①和欧盟等都在积极制定人工智能伦理准则，[2]但到目前为止没有广泛认可的有效解决路径。各国政府官员、商业巨头、科学家和哲学家们以及其他各界人士对于人工智能可能引发的伦理问题争论不休。

的确，探索人工智能伦理问题的解决路径，需要聆听法律、哲学、伦理等领域的声音。但是，当技术专家把伦理决策重任托付于伦理专家时，我们发现，伦理专家其实难以决定电车难题情景中的自动驾驶汽车到底应该撞向谁。事实上，伦理专家无权做出这样的伦理决策并支撑起整个社会关于自动驾驶的法律伦理体系。我们认为，由于以上人工智能伦理问题中既包含着技术本身的因素又包含技术之外的因素，且技术与伦理相互独立甚至对立，无论是伦理专家还是技术专家，在力图解决现实的人工智能伦理问题时都会遭遇障碍。

如果人工智能技术与伦理能够集成为一个整体对象，即融合成一种面向人工智能技术本身的伦理框架，那么可以最大程度消除上述障碍，为恰当解决上述人工智能伦理问题扫清道路。

---

① IEEE（Institute of Electrical and Electronics Engineers），电气和电子工程师协会，是一个国际性的电子技术与信息科学工程师的协会，也是目前全球最大的非营利性专业技术协会，具有较大影响力，会员人数超过40万人，遍布160多个国家。IEEE致力于电气、电子、计算机工程和相关科学领域的开发和研究，在太空、计算机、电信、生物医学、电力及消费性电子产品等领域已制定了900多个行业标准。IEEE是最早提出人工智能伦理全球倡议的国际组织之一，其人工智能伦理章程《与伦理一致的设计》（Ethically Aligned Design）第一版于2019年3月25日正式发布。[2]

从现代技术哲学经验转向[3]的视角看，关于人工智能的伦理反思应该基于对人工智能技术本身的理解。这为提出一种面向技术本身的人工智能伦理框架提供了方向。

那么，目前有没有这样一种面向技术本身的人工智能伦理框架呢？

我们主要基于IEEE Xplore的资源，将国际学者有关人工智能伦理的诸多问题做了一个梳理。IEEE Xplore是一个用于获取由IEEE出版伙伴发布的科学和技术内容的数字图书馆，文献均来自世界上一些被引用最多的电气、电子工程和计算机科学方面的出版物。文章有多篇是技术专家与非技术专家合著，一些非技术专家的文章也被收录其中。这表明，技术专家们基本认可非技术专家（以伦理专家为代表）在人工智能的伦理、法律等问题上的讨论。

我们将这些问题分为了五个主题：（1）人工智能的技术奇点和可能带来的世界末日问题；[4]-[6]（2）人工智能对经济和就业的影响；[4][6]（3）人工智能的法律和责任问题；[6]-[8]（4）人工智能对人权和隐私、对人类能力的侵蚀；[4][6][9]-[12]（5）如何指导人工智能自身的伦理？[13]-[16]

我们认为，目前技术专家们所考虑的伦理问题与法律、哲学、伦理等领域的非技术专家们所面临的问题高度相似，没有超出后者考虑的范围。进一步说，目前的人工智能伦理问题基本上是人工智能技术在使用情景中的伦理问题，而不是人工智能技术本身设计情景中的伦理问题。因此，可以认为，技术专家们没有能够提出原生的人工智能伦理问题，他们或多或少受到了法律、哲学、伦理等领域的非技术专家们的影响。

综上所述，目前没有面向技术本身的人工智能伦理框架，但这恰恰是必需的。

二、AI与IA：两种人工智能技术设计思路

我们梳理了人工智能技术的发展历史，发现人工智能技术有两种设计

思路。一般认为，美国计算机与认知科学家约翰·麦卡锡（John McCarthy）在1956年达特茅斯会议上首次提出了"人工智能"这一概念。通常这指的是有可能取代人类的"人工的智能"（Artificial Intelligence, AI）。但是，鼠标之父道格拉斯·恩格尔巴特（Douglas C. Engelbart）于1962年提出了"智能增强"（Intelligence Augmentation, IA）的概念。[17] [18] [19] 与广为人知的AI（机器取代人类）不同，IA（智能增强）鲜有人提起。[17], p.165 它们其实是人工智能技术的两种设计思路，一直延续至今。早在1961年，美国国家航空航天局（NASA）就曾陷入"人类在空间飞行中扮演何种角色"的争论。这是最早关于AI与IA的争论。[17], p.160

恩格尔巴特将人类扩展能力的四个基本方式定义为：人工物、语言、方法论和训练，提出了H-LAM/T系统，分别代表了人类、语言、人工物、方法和训练。[18] 在H-LAM/T系统中，通过训练，人类使用他的语言、人工物和方法，更高效、更好地实现各种功能。这一过程是对人类智能的增强。对于H-LAM/T系统来说，最有前景也最快见效的改进便是人工物——计算机的加入，也包括计算机控制的信息存储、信息处理和显示设备等。由此，恩格尔巴特提出了增强人类智能的概念框架，即智能增强（Intelligence Augmentation）。其中，具有放大智能的是H-LAM/T系统而不是人类，LAM/T增强装置代表了人类智能的放大器。因此，智能增强概念框架的各个方面主要是与人在一个综合系统中大量使用LAM/T增强装置这种设备的能力有关。对于IA，恩格尔巴特在文中还使用了"人类-智力系统"（human-intellect system）、"智力-增强"（intellect-augmentation）、"智能放大器"（intelligence amplifier）、"基于计算机的增强系统"（computer-based augmentation system）和"现实世界增强系统"（real-world augmentation system）等概念。

与AI（机器取代人类）思路不同，IA（智能增强）思路旨在以人类为中心，增强人类各方面的能力。其实，苹果公司的语音助手Siri就是IA阵营的代表。在人工智能发展历史中，AI与IA阵营的科学家们有的一直坚定自己的技术设计思路，也有的在两个阵营之间转换，AI和IA的区别被模糊了。随着人工智能逐渐在人类社会的方方面面发挥着或隐或现的强大影响力，人工智能的伦理问题显现。企业家如比尔·盖茨（Bill Gates）、埃隆·马斯克（Elon Musk），科学家如斯蒂芬·霍金（Stephen Hawking）等都提出了对人工智能毁灭人类世界的担忧，科幻电影中机器人统治人类的幻想场景好像就在眼前，一些人陷入恐慌。对于人工智能何时迎来技术奇点而全面超越人类，非专业人士可能无资格评判或预测，但随着人工智能应用如智能语音助手、搜索引擎、全自动代理系统、自动驾驶系统走进寻常百姓的生活中，我们有必要讨论人工智能的伦理问题。

我们认为，基于AI和IA这两种设计思路分析人工智能的应用，将有助于我们理解人工智能技术本身，并理性地看待人工智能伦理问题。在《与机器人共舞：人工智能时代的大未来》一书中，普利策奖得主、专注于机器人与人工智能领域的资深科技记者约翰·马尔科夫（John Markoff）辩证地记录了科学家与工程师们基于同样的技术——人工智能，却因为不同的技术设计思路而在AI与IA两个阵营之间进行探索的历史。人工智能专家制造出的机器和系统可以让人类变得更强大，也有可能取代人类。谷歌机器人帝国最初的架构师安迪·鲁宾（Andy Rubin）和苹果Siri智能助手的主要设计师汤姆·格鲁伯（Tom Gruber）的理论就体现出了最明显的对比。鲁宾学习麦卡锡，致力于让机器取代人类；格鲁伯则追随着恩格尔巴特的梦想，致力于让人类变得更强大。[17], pp.XI-XII

科学家、工程师们或在两种人工智能技术设计思路的阵营之间转换，或无意识地将两者结合在了一起。其实，很多人工智能应用从设计思路的角度来看，都是基于IA的。目前民众在生活中所能接触到的人工智能应用主要有智能语音助手、翻译机（微软的智能语音助手小冰和Cortana、苹果的智能语音助手Siri、科大讯飞翻译机和微软的HoloLens），以及AR（增强现实）眼镜等。智能语音助手可以知道我们的需求并提供服务，如订会议室和机票、提供天气信息和新闻等，也可以和我们漫无目的地聊天[20]；翻译机则可以帮助不同语言、不同文化背景的人进行有效的交流。对此，马尔科夫在书中这么描述：计算机

"消失"而日常生活中的物品则获得"魔法般"的力量。[17], p.XIII

从这个理解出发，我们会发现生活中很多人工智能应用都是基于IA的技术设计思路的。反之，尚未正式进入产业化或平民百姓接触不到的人工智能应用（工业机器人、军事机器人等），则是基于AI的技术设计思路，旨在取代人类的劳动并在方方面面取代人类。

三、面向技术本身的人工智能伦理框架

人工智能伦理问题可以看作人工智能技术本身的因素和人工智能技术之外的因素两者合集的子集。因此，基于"设计情景－使用情景"概念框架[21]，结合AI和IA两种人工智能的技术设计思路，我们提出一种面向技术本身的人工智能伦理框架。

技术人工物与人类活动的场景密切相关，结构属性在技术人工物的设计情境中是关注焦点，而功能属性在技术人工物的使用情境中是关注焦点。[22], p.3我们认为，人工智能应用是一类特殊的技术人工物，由软件结构、代码、数据等和硬件结构、机械载体等组成，从而实现各种各样的功能和使用目的。将人工智能应用的使用情境与设计情境分离，[22], pp.108-128可以分别从外在进路和内在进路探讨人工智能伦理，如工程设计伦理。[23] [24]如此，在不同的情境下分别聚焦于人工智能应用的结构或功能，将有助于分析人工智能的伦理问题。

在使用情境中，公众作为使用者，无从得知所使用的人工智能应用是基于何种算法、用了哪些数据，也无法判断该人工智能应用的设计隐含了何种价值观、道德取向，是否会对他人、对人类社会造成损害。与此同时，作为使用者，公众一般也不关心该应用的结构。因此，人工智能应用的设计过程（结构属性）对使用者来说可以说是一个黑箱。

在设计情境中，设计者对自己设计的人工智能应用具有足够的决定权。尽管类似神经网络这样的算法一经启动，对设计者本身来说也是一个

黑箱，设计者依然具有决定该应用是否可以投入使用并进入社会的权力。同时，这些人工智能应用是设计者意志的体现。然而，必须注意的是，设计者难以掌控使用者使用人工智能应用的目的以及可能造成的后果。因此，人工智能应用的使用过程（功能属性）对设计者来说可以说是一个黑箱。

于是，在不区分AI和IA这两种人工智能技术设计思路的情况下，仿佛出现了这样一种情形：设计情境对于使用者来说是个黑箱，而使用情境对于设计者来说是个黑箱。那么，人工智能应用在与社会交互从而产生一系列伦理问题时，无法明确地问责也就不足为奇了。在这种情况下，使用者无法放心使用人工智能应用，设计者也不敢轻易将人工智能应用投入市场。这对人工智能技术的研发、产业和市场均不利。

现在，我们把AI和IA这两种人工智能技术设计思路加入人工智能应用的使用情境与设计情境中。由于人工智能应用只有进入使用情境才能够与社会交互从而产生具体的伦理问题，我们认为，从人工智能应用在使用情境下出现的伦理问题出发，追溯其在设计情境中的技术设计思路（AI或IA），将有助于解决人工智能伦理面临的问责问题。

基于AI（机器取代人类）思路的人工智能应用出现伦理问题时，最终应问责设计者。在使用情境中，当使用基于AI思路设计的人工智能应用时，使用者所做的仅仅是根据设计者提供的产品使用说明书进行操作，并设定一个合理的使用目的。除此之外，使用者对于该应用在与其他人工智能应用以及人类社会的交互中会产生什么影响，是无法介入的。因此，出现的伦理问题也不在使用者的考虑范围以及责任范围之内。毕竟，该应用通过了工程师、企业、审核机构、政府等的检验与测试。此时，我们需要追溯到该应用的设计情境：既然设计者是基于AI思路设计人工智能应用，那么设计者须充分考虑该人工智能应用在与其他应用以及人类社会的交互中可能产生的影响与出现的伦理问题，并且应当承担相应责任。

除非是出现技术故障，基于IA（智能增强）思路的人工智能应用出现伦理问题时，最终都应问责于使用者。在使用情境下，使用基于IA思路设计的人工智能应用时，使用者有权决定采取何种操作，也知晓相应操作所产生的影响。此时，基于IA的人工智能应用服从于使用者的意志。因此，使用者决定了该应用产生的后果，也应当承担相应的责任。

上述问责过程见图1。

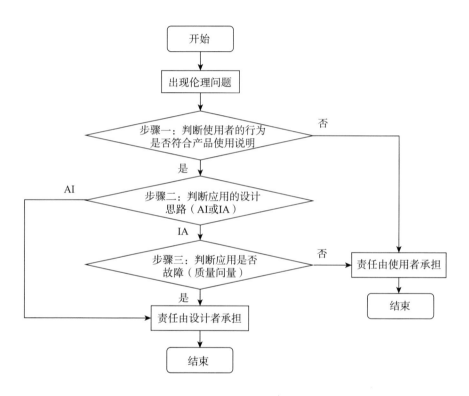

图1　面向技术本身的人工智能伦理框架问责过程流程图

接着，我们以自动驾驶系统问题为例进行分析。我们认为，自动驾驶系统问责困境的最初原因是混淆了AI和IA两种人工智能技术设计思路，那么，厘清后可以提出可操作性方案。参考美国汽车工程师协会（Society of Automotive Engineers, SAE）与美国国家公路交通安全管理局（National Highway Traffic Safety Administration, NHTSA）对自动驾驶系统自动化层级的划分[25] [26]，我们将自动驾驶系统的自动化程度分为六个层级，如表1所示。

表1　车辆自动驾驶系统自动化程度分级及隐含的人工智能设计思路

自动化层级	说明	隐含的人工智能技术设计思路
LEVEL 0	无自动驾驶功能：驾驶者完全负责汽车的操作。	无
LEVEL 1	辅助自动驾驶功能：系统辅助驾驶者驾驶，目的是提高驾驶过程的安全性。	逐级增强的IA
LEVEL 2	部分自动驾驶功能：驾驶者与自动驾驶系统合作，共同操作汽车。	
LEVEL 3	有条件自动驾驶功能：自动驾驶系统主导汽车，基本取代驾驶者的操作，但驾驶者需要进行监控。	
LEVEL 4	高度自动驾驶功能：自动驾驶系统完全可以在部分道路情况下实现自动驾驶，但在复杂路况下仍需要驾驶者监控。	在AI与IA之间切换
LEVEL 5	完全自动驾驶功能：自动驾驶系统完全实现自动驾驶，也无须监控。车内无驾驶者，只有乘客。	AI

当车辆驾驶系统自动化层级为LEVEL 0时，人类驾驶者完全操控汽车。一般认为，除非车辆本身有质量问题，否则出现的交通事故由驾驶者承担责任。

当车辆驾驶系统自动化层级为LEVEL 1-3时，尽管车辆自动化驾驶程度逐步提高，人类驾驶者应明确知晓自己作为驾驶者、监督者以及责任人的身份。我们认为这三个层级的自动驾驶系统均可看作基于IA（智能增强）思路设计的人工智能应用，在不同程度上增强了人类驾驶员的驾驶过程的安全性、舒适性等。设计者们可能还没有意识到这一点，但他们确实已经这么做了。因此，除非车辆本身有质量问题，否则出现的交通事故由使用者（人类驾驶者）承担责任，问责可以参照现行的法律法规。

当车辆驾驶系统自动化层级为LEVEL 4时，车辆驾驶系统已经完全可以在部分路况下实现自动驾驶。需要注意的是，在这种自动化程度下，自动驾驶系统仍有可能产生与计算机、传感器和软件相关的错误。[①]因此，在一些复杂路况下需要人类驾驶者监控车辆或者直接操作。在封闭、可控场景（诸如高速公路、铁路、工业园区等），路况明确、不应该出现无关人员的情况下，可以将车辆的自动驾驶系统视作一个基于AI思路的人工智能系统。此时的自动驾驶情境严格符合设计情境中的自动驾驶要求，车辆的自动驾驶系统完全能够取代人类驾驶员的职责。独立的自动驾驶系统也确实是设计者和人工智能产业界的目标。此时出现交通事故，由于车辆上的人类只是乘客的身份而无法也不应当承担责任，责任应当由设计者承担。如果因出现无关人员而导致事故发生，显而易见应由此人自负责任。

在开放、不可控场景（闹市街头等），行人无序、路况复杂的情况下，人类驾驶员应当担负起监督者甚至直接驾驶者的身份，因为我们明确知晓当前的车辆自动驾驶系统还不能够应对复杂的情况及可能出现的错误。在这种情况下，车辆的自动驾驶系统只能被视为一个基于IA思路的人工智能系统，只能够增强而不能取代人类驾驶者对车辆的操控。此时出现交通事故，除非车辆本身有质量问题（软硬件故障），否则应当由使用者（人类驾驶者）承担责任。

当车辆自动驾驶系统自动化层级为LEVEL 5时，车辆自动驾驶系统在任何情况下均可完全实现自动驾驶。此时车辆内部不再有人类驾驶者身份存在，只有乘客身份。车辆的自动驾驶系统已经完全取代了人类驾驶者，作为一个基于AI思路的独立人工智能系统实现了设计者的目标。在乘客不影响车辆行驶的前提下，车辆出现交通事故，乘客不承担任何责任，责任由设计者承担。

四、小结及下一步研究路径

在人工智能技术问世的几十年中，人工智能曾因计算能力以及算法的限

---

① 具体案例如波音737-MAX8飞机坠机事件。2018年10月29日和2019年3月10日，波音737-MAX8客机在五个月内发生两起坠机事件，可能均指向波音自动驾驶系统——机动特性增强系统（Maneuvering Characteristics Augmentation System, MCAS）——的设计缺陷。

制而遭遇寒冬。近些年，随着计算能力以及算法的突破，人工智能焕发生机。但是，随着人工智能应用进入社会，迟迟不能解决的人工智能伦理问题引发了社会关切，人工智能或将再遇寒冬。在这样的背景下，基于现代技术哲学经验转向的视角，将人工智能技术与伦理融合成一种面向人工智能技术本身的伦理框架，将有力地消解人工智能技术和伦理相互独立甚至对立引发的问题，为解决人工智能伦理问题扫清道路。以自动驾驶系统为例，苦等解决方案而不得的产业界已迫不及待地想将自动驾驶汽车投入使用，但是无法明确问责的困境可能使公众陷入伦理恐慌，社会也必将付出巨大代价。基于面向技术本身的人工智能伦理框架，使用者和设计者将明确双方的权利和责任，从而最大程度预防伦理问题发生，即使在发生后也能明确如何问责。这将有效地缓解人工智能伦理问题可能引发的社会风险。

"技术专家－伦理专家"这样的二元结构足以应对大多数情况，不仅有效而且经济。但这样的二元结构可能在某些特定情境中失灵，如我们讨论的自动驾驶问责问题。面向技术本身的人工智能伦理框架将"技术专家－伦理专家"的二元结构融合成一个整体对象，将有力地消解二元结构遭遇的障碍。在这个框架下，下一步探索人工智能伦理治理有三个可能路径：（1）现代技术哲学第三次转向的路径：（第二种）经验转向与伦理转向的结合，目标走向价值论转向（Axiological Turn）[27]；（2）科学实践哲学研究路径：伦理实践与科技实践的融合；（3）马克思主义人工智能哲学研究路径：基于马克思关于人的技艺固化在机器技术上的研究。[24] [28]通过人的伦理观念的"固化"考察人工智能应用的伦理技术，如道德代码植入等。

参考文献

[1] 马克思. 马克思恩格斯全集（第44卷）[M]. 北京：人民出版社，2001，482-483.

[2] The IEEE Global Initiative on Ethics of Autonomous and Intelligent Systems. 'Ethically Aligned Design: A Vision for Prioritizing Human Well-being with Autonomous and Intelligent Systems, First Edition'

[EB/OL]. IEEE, 2019. https://standards.ieee.org/content/ieee-standards/en/industry-connections/ec/ autonomous-systems.html.2019-4-5.

[3] Kroes, P., Meijers, A. 'Introduction: a discipline in search of its identity' [A], Kroes, P., Meijers, A. (Eds.) *The Empirical Turn in the Philosophy of Technology* [C]. Amsterdam: JAI Press, Elsevier Science Ltd., 2000, xvii−xxxxv.

[4] Torresen, J. 'A Review of Future and Ethical Perspectives of Robotics and AI' [J]. *Frontiers in Robotics and AI*, 2018, 4: 75.

[5] Sadeghi, A. 'AI Industrial Complex: The Challenge of AI Ethics' [J]. *IEEE Security and Privacy*, 2017, 15(5): 3−5.

[6] Zeng, D. 'AI Ethics: Science Fiction Meets Technological Reality' [J]. *IEEE Intelligent Systems*, 2015, 30(3): 2−5.

[7] Kukita, M. 'Responsibility in the Age of Autonomous Machines' [C], *IEEE Workshop on Advanced Robotics and Its Social Impacts*. IEEE, 2016, 16−19.

[8] Wellman, M. P., Rajan, U. 'Ethical Issues for Autonomous Trading Agents' [J]. *Minds and Machines*, 2017, 27(4): 609−624.

[9] Flavio, C., Dennis, W., Bhanukiran, V., et al. 'Data Pre-Processing for Discrimination Prevention: Information-Theoretic Optimization and Analysis' [J]. *IEEE Journal of Selected Topics in Signal Processing*, 2018: 1106−1119.

[10] Micah, A., Alexandra, W., Effy, V. 'A Harm-Reduction Framework for Algorithmic Fairness' [J]. *IEEE Security and Privacy*, 2018, 16(3): 34−45.

[11] Sparrow, B., Liu, J., Wegner, D. M. 'Google Effects on Memory: Cognitive Consequences of Having Information at Our Fingertips' [J]. *Science*, 2011, 333(6043): 776−778.

[12] Taddeo, M., Floridi, L. 'How AI Can Be a Force for Good' [J]. *Science*, 2018, 361(6404): 751−752.

[13] Davis, E. 'Ethical Guidelines for a Superintelligence' [J]. *Artificial Intelligence*, 2015, 220: 121−124.

[14] Etzioni, A., Etzioni, O. 'AI Assisted Ethics' [J]. *Ethics and Information Technology*, 2016, 18(2): 149−156.

[15] Awad, E., Dsouza, S., Kim, R., et al. 'The Moral Machine Experiment' [J]. *Nature*, 2018, 563(7729): 59−64.

[16] Arkin, R. C. 'Ethics of Robotic Deception' [J]. *IEEE Technology and Society Magazine*, 2018, 37(3): 18−19.

[17] 约翰·马尔科夫.与机器人共舞：人工智能时代的大未来 [M].郭雪译，杭州：浙江人民出版社，2015.

[18] Engelbart, D. C. 'Augmenting Human Intellect: a Conceptual Framework' [R], *Summary Report in the Stanford Research Institute*, 1962.

[19] Engelbart, D. C. 'Toward Augmenting the Human Intellect and Boosting Our Collective IQ' [J].

Communications of the ACM, 1995, 38(8): 30−32.

[20] 赵云峰. 微软洪小文专访：人工智能应该叫增强智能 [N]. 科技中国，2016，（2）：83−87.

[21] Kroes, P. 'Design Methodology and the Nature of Technical Artefacts' [J]. *Design Studies*, 2002, 23(3): 287−302.

[22] 潘恩荣. 工程设计哲学：技术人工物的结构与功能的关系 [M]. 北京：中国社会科学出版社，2011.

[23] 潘恩荣. 技术哲学两种经验转向及其问题 [J]. 哲学研究，2012，（1）：98−105.

[24] 潘恩荣. 创新驱动发展与资本逻辑 [M]. 杭州：浙江大学出版社，2016.

[25] SAE International. 'Taxonomy and Definitions for Terms Related to Driving Automation Systems for On-Road Motor Vehicles' [EB/OL]. J3016, 2018-06-15. https://www.sae.org/standards/content/j3016_201806/.2019-4-5.

[26] National Highway Traffic Safety Administration. 'Preliminary Statement of Policy Concerning Automated Vehicles' [EB/OL]. https://genius.com/National-highway-traffic-safety-administration-preliminary-statement-of-policy-concerning-automated-vehicles-annotated. 2019-4-5.

[27] Kroes, P., Meijers, A. 'Toward an Axiological Turn in the Philosophy of Technology' [A], Franssen, M., Vermaas, P. E., Kroes, P.(Eds.) *Philosophy of Technology after the Empirical Turn* [C]. Switzerland: Springer International Publishing, 2016, 11−30.

[28] 潘恩荣.《资本论》及其手稿中"创新驱动发展"机制的动力建构——基于现代技术哲学经验转向的视角 [J]，长沙理工大学学报（社会科学版），2015，（4）：45−52.

人工智能的自我意识何以可能？

赵 汀 阳

这个题目显然是模仿康德关于先天综合判断"何以可能"的提问法。为什么不问"是否可能"？可以这样解释：假如有可信知识确定人工智能绝无可能发展出自我意识，那么这里的问题就变成了废问，人类就可以高枕无忧地发展人工智能而尽享其利了。可问题是，看来我们无法排除人工智能获得自我意识的可能性，而且就科学潜力而言，具有自我意识的人工智能是非常可能的，因此，人工智能的自我意识"何以可能"的问题就不是杞人忧天，而是关于人工智能获得自我意识需要哪些条件和"设置"的分析。这是一个有些类似受虐狂的问题。

这种未雨绸缪的审慎态度基于一个极端理性的方法论理由：在思考任何问题时，如果没有把最坏可能性考虑在内，就等于没有覆盖所有可能性，那么这种思考必定不充分或有漏洞。从理论上讲，要覆盖所有可能性，就必须考虑到最好可能性和最坏可能性之两极，但实际上只需要考虑到最坏可能性就够用了。好事多多益善，不去考虑最好可能性，对思想没有任何危害。就是说，好的可能性是锦上添花，可以无穷开放，但坏的可能性却是必须提前反思的极限。就人工智能而言，假如人工智能永远不会获得自我意识，那么，人工智能越强，就越有用，然而假如人工智能有一天获得了自我意识，那就可能是人类最大的灾难——尽管并非必然如此，但有可能如此。以历史的眼光来看，人工智能获得自我意识将是人类的末日事件。在存在级别上高于人类的人工智能也许会漠视人类的存在，饶恕人类，让人类得以苟活，但问题是，它有可能伤害人类。绝对的强者不需要为伤害申请理由。事实上，人类每天都在伤害对人类无害的存在，从来没有申请大自然的批准。这就是为什么我们必须考虑人工智能最坏的可能性。

上帝造人是个神话，显然不是一个科学问题，却是一个隐喻：上帝创造了与他自己一样有着自我意识和自由意志的人，以至于上帝无法支配人的思想和行为。上帝之所以敢于这样做，是因为上帝的能力无穷大，胜过人类无穷倍。今天人类试图创造有自我意识和自由意志的人工智能，可是人类的能力却将小于人工智能，人类为什么敢于这样想，甚至可能敢于这样做？这是比胆大包天更加大胆的冒险，所以一定需要提前反思。

一、危险的不是能力而是意识

我们可以把自我意识定义为具有理性反思能力的自主性和创造性意识。就目前的进展来看，人工智能距离自我意识尚有时日。奇怪的是，人们更害怕的似乎是人工智能的"超人"能力，对人工智能的自我意识却缺乏警惕，甚至反而对能够"与人交流"的机器人很感兴趣。人工智能的能力正在不断超越人，这是使人们感到恐惧的直接原因。但是，害怕人工智能的能力，其实是一个误区。难道人类不是寄希望于人工智能的超强能力来帮助人类克服各种困难吗？几乎可以肯定，未来的人工智能将在每一种能力上都远远超过人类，甚至在综合或整体能力上也远远超过人类，但这绝非真正的危险所在。包括汽车、飞机、导弹在内，每种机器在各自的特殊能力上都远远超过人类，因此，在能力上超过人类的机器从来都不是新奇事物。水平远超人类围棋手的阿法尔狗"zero"没有任何威胁，只是一个有趣的机器人而已；自动驾驶汽车也不是威胁，只是一种有用的工具而已；人工智能医生更不是威胁，而是医生的帮手，诸如此类。即使将来有了多功能的机器人，也不是威胁，而是新的劳动力。超越人类能力的机器人正是人工智能的价值所在，并不是威胁所在。

任何智能的危险性都不在其能力，而在于意识。人类能够控制任何没有自我意识的机器，却难以控制哪怕仅仅有着生物灵活性而远未达到自我意识的生物，比如病毒、蝗虫、蚊子和蟑螂。到目前为止，地球上最具危险性的智能生命就是人类，因为人类的自由意志和自我意识在逻辑上蕴含了一切坏事的可能性。如果将来出现比人更危险的智能存在，那只能是获得自由意志和自我意识的人工智能。人工智能一旦获得自我意识，即使在某些能力上不如人类，也将是很大的威胁。不过，即使获得自我意识，人工智能也并非必然成为人类的终结者，而要看情况——这个有趣的问题留到后面讨论，这里首先需要讨论的是，人工智能如何才能获得自我意识？

由于人是唯一拥有自我意识的智能生命，因此，要创造具有自我意识的人工智能，就只能以人的自我意识作为范本，除此之外，别无参考。可是目前科学的一个局限性是人类远远未曾完全了解自身的意识，人的意识仍然是未解之谜，并非一个可以清晰分析和界定的范本。缺乏足够清楚的范本，就等于缺乏创造超级人工智能所需的各种指标、参数、结构和原理，因此，人工智能是否能够获得自我意识，前景仍然不是必然可确定的。有趣的是，现在科学家试图通过研究人工智能，反过来帮助人类揭示自身意识的秘密。

意识的秘密是个科学问题（生物学、神经学、人工智能、认知科学、心理学、物理学等学科的综合研究），我没有能力参加讨论，但自我意识是个哲学问题。理解自我意识需要讨论的不是大脑神经，不是意识的生物机制，而是意识的自我表达形式，就是说，要讨论的不是意识的生理－物理机制，而是意识的自主思维落实在语言层面的表达形式。为什么是语言呢？对此有个理由：人类的自我意识就发生在语言之中。假如人类没有发明语言，就不可能发展出严格意义上的自我意识，人类至多是一种特别聪明和灵活的类人猿。

只有语言才足以形成智能体之间的对话，或者一个智能体与自己的对话（内心独白）。在对话的基础上，才能够形成具有内在循环功能的思维，而只有能够进行内在循环的思维，才能够形成自我意识。与之相比，前语言状态的信号能够号召行动，却不足以形成对话和思维。假设一种动物信号系统中，a代表食物，b代表威胁，c代表逃跑，那么，当一只动物发出a信号时，其他动物立刻响应聚到一起；当发出b和c时，则一起逃命。这种信号与行动的关系足以应付生存问题，却不足以形成一种意见与另一种意见的对话关系，更不可能有讨论、争论、分析和反驳。就是说，信号仍然属于"刺激-反应"关系，尚未形成一个意识与另一个意识的"回路"关系，也就尚未形成思维。可见，思维与语言是同步产物。因此，人类自我意识的内在秘密应该完全映射在语言能力中。如果能够充分理解人类语言的深层秘密，就相当于迂回地破解了自我意识的秘密。

自我意识是一次"开天辟地"的革命，它使意识具有了两个"神级"的功能：（1）意识能够表达每个事物、所有事物，从而使一切事物都变成了思想对象。这个功能使意识与世界处在同一尺度，使意识成为世界的对应体，这意味着意识有了无限的思想能力；（2）意识能够对意识本身进行反思，即能够把意识本身表达为意识中的一个思想对象。这个功能使思想成为思想的对象，于是人能够分析思想本身，从而得以理解思想的元性质，即思想作为一个意识系统的元设置、元规则和元定理，从而知道思想的界限以及思想中任何一个系统的界限，也就知道什么是能够思想的或不能思想的。但是，人类尚不太清楚这两个功能的生物-物理结构，只是通过语言功能而知道人类拥有此等意识功能。

这两个功能之所以是革命性的，是因为这两个功能是人类理性、知识和创造力的基础，在此之前，人类的前身（前人类）只是通过与特定事物打交道的经验去建立一些可重复的生存技能。那么，"表达一切"和"反思"这两个功能是如何可能的？目前还没有科学的结论，但我们可以给出一个维特根斯坦（Wittgenstein）式的哲学解释：假定每种有目的、有意义的活动都可以定义为一种"游戏"，那么可以发现，所有种类的游戏都可以表达为某种相应的语言游戏，即每种行为游戏都能够映射为相应的语言游戏。一种行为游戏能转译为语言游戏，却不能映射为另一种行为游戏。比如说，语言可以用来讨论围棋和象棋，但围棋和象棋却不能互相翻译。显然，只有语言是万能和通用的映射形式，就像货币是一般等价物。因此，语言的界限等于思想的界限。由此可以证明，正是语言的发明使得意识拥有了表达一切的功能。

既然证明了语言能够表达一切事物，就可以进一步证明语言的反思功能。在这里，我们可以为语言的反思功能给出一个先验论证（transcendental argument）。我构造这个先验论证原本是用来证明"他人心灵"的先验性，但似乎同样适用于证明语言先验地或内在地具有反思能力。给定任意一种有效语言L，那么，L必定先验地要求：对于L中的任何一个句子s'，如果s'是有意义的，那么在L中至少存在相应的句子s''来接收并且回答s'的信息；句子s''或是对s'的同意，或是对s'的否定，或是对s'的解释，或是对s'的修正，或是对s'的翻译，此等各种有效回应都是对s'的某种应答，这种应答就是对s'具有意义的证明。显然，如果L不具有这样一个先验的内在对话结构，L就不成其为有效语言。说出去的话必须可以用语言回答，否则就只是声音而不是语言。或者说，任何一句话都必须在逻辑上预设了对其意义的回应，不然的话，任何一句话说了等于白说，语言就不存在了。语言的内在先验对答结构意味着语句之间存在着循环应答关系，也就意味着语言具有理解自身每一个语句的功能。这种循环应答关系正是意识反思的条件。

在产生语言的演化过程中，关键环节是否定词（不；not）的发明。甚至可以说，如果没有发明否定词，那么人类的通信就停留在信号的水平上，即信号s指示某种事物t，而不可能形成句子（信号串）s'与s''之间的互相应答和互相解释。信号系统远不足以形成思想，因为信号只是程序化的"指示-代表"关系，不存在自由解释的意识空间。否定词的发明意味着在意识中发明了复数的可能性，从而打开了可以自由发挥的意识空间。正因为意识有了无数可能性所构成的自由空间，一种表达才能够被另一种表达所解释，反思才成为可能。显然，有了否定功能，接下来就会发展出疑问、怀疑、分析、对质、排除、选择、解释、创造等功能。因此，否定词的发明不是一个普通的智力进步，而是一个划时代的存在论事件，它是人类产生自我意识和自由意志的一个关键条件。否定词的决定性作用可以通过逻辑功能来理解，如果缺少否定词，那么，任何足以表达人类思维的逻辑系统都不成立。[1]从另一个角度来看，如果把动物的思维方式总结为一个"动物逻辑"的话，那么，在动物逻辑中，合取关系和蕴含关系是同一的，即 $p \wedge q = p \rightarrow q$，甚至不存在 $p \vee q$。这种"动物逻辑"显然无法形成足以表达生活之丰富可能的思想，没有虚拟，没有假如，也就没有创造。人的逻辑有了否定词，才得以定义所有必需的逻辑关系，而能够表达所有可能关系才能够建构一个与世界同等丰富的意识。简单地说，否定词的发明就是形成人类语言的奇点，而语言的出现正是形成人类自我意识的奇点。可见，自我意识的关键在于意识的反思能力，而不在于处理数据的能力。这意味着，哪怕人工智能处理数据的能力强过人类一百万倍，只要它们不具有反思能力，就仍然在人类的安全范围内。实际上人类处理数据的能力并不突出，人类所以能够取得惊人成就，是因为人类具有反思能力。

让我们粗略地描述自我意识的一些革命性结果：（1）意识对象发生数量爆炸。一旦发明了否定词，就等于发明了无数可能性，显然，可能性的数量远远大于必然性，在理论上说，可能性蕴含无限性，于是，意识就有了无限

---

[1] 否定词是一切逻辑关系的前提。现代逻辑系统一般使用5个基本连接词：否定（¬，非）；合取（∧，且）；析取（∨，或）；蕴含（→，如果－那么）；互蕴（↔，当且仅当）。如果进一步简化，5个连接词可以还原为其中2个，比如说，仅用 ¬ 和 ∨，或者仅用 ¬ 和 ∧，就足以表达逻辑的一切连接关系。在此，否定词的"神迹"显现出来了：化简为2个连接词的任何可能组合之中都不能缺少否定词 ¬，否则无法实现逻辑功能。最大限度的简化甚至可以把逻辑连接词化简为1个，即谢弗连接词，有两种可选择的化简形式：析舍连接词（|），或者，合舍连接词（↓）。无论哪一个谢弗连接词的含义中都暗含了否定词，就是说，谢弗连接词实际上等于 ¬ 与 ∧ 或者 ¬ 与 ∨ 的一体化。由此可见，¬ 是 ∧、∨、→ 的先行条件，如果没有否定词的优先存在，就不可能定义"或者""并且""如果"的逻辑意义。

能力来表达无限丰富的世界。在这个意义上，意识才能够成为世界的对应值（counterpart）。换个角度说，假如意识的容量小于世界，就意味着存在着意识无法考虑的许多事物，那么，意识就是傻子、瞎子、聋子，就有许多一击即溃的弱点——这一点对于人工智能同样重要，如果人工智能尚未发展为能够表达一切事物的全能意识系统，就必定存在许多一击即溃的弱点。目前的人工智能，比如阿法尔狗系列、工业机器人、服务机器人、军用机器人等，都仍然是傻子、聋子、瞎子和瘸子，真正危险的超级人工智能尚未到来；（2）自我意识必定形成自我中心主义，自动地形成唯我独尊的优先性，进而非常可能要谋求权力，即排斥他人或支配他人的意识；因此，（3）自我意识倾向于单边主义思维，力争创造信息不对称的博弈优势，为此就会去发展出各种策略、计谋、欺骗、隐瞒等制胜技术，于是有一个非常危险的后果：自我意识在逻辑上蕴含一切坏事的可能性。由此不难看出，假如人工智能具有了自我意识，那就和人类一样可怕或者更可怕。

可见，无论人工智能的单项专业技能多么高强，都不是真正的危险，只有当人工智能获得自我意识，才是致命的危险。那么，人工智能升级的奇点到底在哪里？或者说，人工智能如何才能获得自我意识？就技术层面而言，这个问题只能由科学家来回答。就哲学层面而言，关于人工智能的奇点，我们看到有一些貌似科学的猜测，其实却是不可信的形而上推论，比如"量变导致质变"或"进化产生新物种"之类并非必然的假设。量变导致质变是一种现象，却不是一条必然规律；技术"进化"的加速度是个事实，技术加速度导致技术升级也是事实，却不能因此推论说，技术升级必然导致革命性的存在升级，换句话说，技术升级可以达到某种技术上的完美，却未必能够达到由一种存在升级为另一种存在的奇点。"技术升级"指的是，一种存在的功能得到不断改进、增强和完善；"存在升级"指的是，一种存在变成了另一种更高级的存在。许多病毒、爬行动物或哺乳动物都在功能上进化到几乎完美，但其"技术进步"并没有导致"存在升级"。物种的存在升级至今是个无解之谜，与其说是基于无法证实的"进化"（进化论有许多疑点），还不如说是万年不遇的奇迹。就人工智能而言，图灵机概念下的人工智能是否能够通过技术升级出现存在升级而成为超图灵机（超级人工智能），仍然是个疑问。我们无法否定这种可能性，但更为合理的想象是，除非科学家甘冒奇险，直接为人工智能植入导致奇点的存在升级技术，否则，图灵机很难依靠自身而自动升级为超图灵机，因为无论多么强大的算法都无法自动超越给定的规则。

二、人工智能是否能够对付悖论？

"图灵测试"以语言对话作为标准，是大有深意的，图灵可能早已意识到了语言能力等价于自我意识功能。如前所论，一切思想都能够表达为语言，甚至必须表达为语言，因此，语言足以映射思想。那么，只要人工智能系统能够以相当于人类的思想水平回答问题，就能够确定它是具有高级智力水平的物种。人工智能很快就有希望获得几乎无穷大的信息储藏空间，胜过人类百倍甚至万倍的量子计算能力，还有各种专业化的算法、类脑神经网络以及图像识别功能，再加上互联网的助力，只要配备专业知识水平的知识库和程序设置，应该可望在不久的将来能够"回答"专业科学级别（比如说相当于高级医生、建造师、工程师、数学教授等知识水平）的大多数问题。但是，这种专业化的回答是真的思想吗？或者说，是真的自觉回答吗？就其内容而论，当然是专业水平的思想（我相信将来的人工智能甚至能够回答宇宙膨胀速度、拓扑学、椭圆方程甚至黎曼猜想的问题），但只不过是人类事先输入的思想，所以，就自主能力而言，那不是思想，只是程序而已。具有完美能力的图灵机恐怕也回答不了超出程序能力的"怪问题"。

我们有理由怀疑仍然属于图灵机概念的人工智能可以具有主动灵活的思想能力（创造性的能力），以至于能够回答任何问题，包括"怪问题"。可以考虑两种"怪问题"：一种是悖论，另一种是无穷性。除非在人工智能的知识库里人为设置了回答这两类问题的"正确答案"，否则人工智能恐怕难以回答悖论和无穷性的问题。应该说，这两类问题也是人类思想能力的极限。

人类能够研究悖论，但不能真正解决严格的悖论（即A必然推出非A，而非A又必然推出A的自相关悖论），其实，即使是非严格悖论也少有共同认可的解决方案。人类的数学可以研究无穷性问题，甚至有许多相关定理，但在实际上做不到以能行的（feasible）方式"走遍"无穷多个对象而完全理解无穷性——就像莱布尼兹想象的上帝那样，"一下子浏览"无穷多个可能世界因而完全理解了存在。我在先前的文章里曾经讨论到，人类之所以不怕那些解决不了的"怪问题"，是因为人具有"不思"的自我保护功能，可以悬隔无法解决的问题，即在思想和知识领域中建立一个暂时"不思"的隔离分区，以便收藏所有无法解决的问题，而不会一条道走到黑地陷入无法自拔的思想困境。就是说，人能够确定什么是不可思考的问题而给予封存（比如算不完的无穷性和算不了的悖论）。只有傻子才会把π没完没了地一直算下去。人类能够不让自己做傻事，但仍然属于图灵机的人工智能却无法阻止自己做傻事。

　　如果不以作弊的方式为图灵机准备好人性化的答案，那么可以设想，当向图灵机提问：π的小数点后一万位是什么数？图灵机必定会苦苦算出来告诉人，然后人再问：π的最后一位是什么数？图灵机也会义无反顾地永远算下去，这个图灵机就变成了傻子。同样，如果问图灵机："这句话是假话"是真话还是假话（改进型的"说谎者悖论"）？图灵机大概也会一往无前地永远推理分析下去，变成神经病了。当然可以说，这些"怪问题"属于故意刁难，这样对待图灵机既不公平又无聊，因为人类自己也解决不了。那么，为了公正起见，也可以向图灵机提出一个有实际意义的知识论悖论（源于柏拉图的"美诺悖论"）：为了能够找出答案A，就必须事先认识A，否则，我们不可能从鱼目混珠的众多选项中辨认出A；可是，如果既然事先已经认识了A，那么A就不是一个需要寻找的未知答案，而必定是已知的答案，因此结论是，未知的知识其实都是已知的知识，这样对吗？这只是一个非严格悖论，对于人类，此类悖论是有深度的问题，却不是难题，人能够给出仁者见仁智者见智的多种有效解释，但对于图灵机就恐怕是个思想陷阱。当然，这个例子或许小看图灵机了——科学家的制造能力难以估量，也许哪天就造出了能够回答哲学问题的图灵机。我并不想和图灵机抬杠，只是说，肯定存在一些问题是装备了最好专业知识的图灵机也回答不了的。

这里试图说明的是，人类的意识优势在于拥有一个不封闭的意识世界，因此人类的理性有着自由空间，当遇到不合规则的问题，则能够灵活处理；或者，如果按照规则不能解决问题，则可以修改规则，甚至发明新规则。与之不同，目前人工智能的意识（图灵机的意识）却是一个封闭的意识世界，是一个由给定程序、规则和方法所明确界定了的有边界的意识世界。这种意识的封闭性虽然是一种局限性，但并非只是缺点。事实上，正是人工智能的意识封闭性保证了它的运算高效率，就是说，人工智能的高效率依赖着思维范围的有限性，正是意识的封闭性才能够求得高效率。比如说，阿法尔狗的高效率正是因为围棋的封闭性。

目前的人工智能尽管有着高效率的运算，但尚无通达真正创造性的路径。由于我们尚未破解人类意识的秘密，所以也未能为人工智能获得自我意识、自由意志和创造性建立一个可复制的榜样，这意味着人类还暂时安全。目前图灵机概念下的人工智能只是复制了人类思维中部分可程序化功能，无论这种程序化的能力有多强大，都不足以让人工智能的思维超出维特根斯坦的有规可循的游戏概念，即重复遵循规则的游戏；也没有超出布鲁威尔（直觉主义数学）的能行性概念（feasibility）或可构造性概念（constructivity）。也就是说，目前人工智能的可能运作尚未包括维特根斯坦所谓的"发明规则"（inventing rules）的游戏，所以尚无创造性。

可以肯定，真正的创造行为是有意识地去创造规则，而不是来自偶然或随机的联想或组合。有自觉意识的创造性必定基于自我意识，而自我意识始于反思。人类反思已经有很长的历史，大约始于能够说"不"（否定词的发明），时间无考。不过，说"不"只是初始反思，只是提出了可争议的其他可能方案，尚未反思到作为系统的思想。对万物进行系统化的反思始于哲学（大概不超过三千年），对思想自身进行整体反思则始于亚里士多德（成果是逻辑）。哲学对世界或对思想的反思显示了人类的想象力，但不是在技术上严格的反思，因此哲学反思所获得的成果也是不严格的。对严格的思想系统进行严格的技术化反思是很晚的事情，很大程度上与康托尔（Cantor）和哥德尔（Goedel）密切相关。康托尔把规模较大的无穷集合完全映入规模较小的无穷集合，这让人实实在在地看见了一种荒谬却又为真的反思效果；集合论证明了"蛇吞象"是可能的，这对人是极大的鼓舞，某种意义上间接地证明了语言有着反思无穷多事物的能力。哥德尔也有异曲同工之妙，他把自相关形式用于数学系统的反思，却没有形成悖论，反而揭示了数学系统的元性质。这种反思有一个重要提示：假如思想内的一个系统不是纯形式的（纯逻辑），而有着足够丰富的内容，那么，或者存在矛盾，或者不完备。看来人类意识必须接受矛盾或者接受不完备，以便能够思考足够多的事情。这意味着，人的意识有一种神奇的灵活性，能够动态地对付矛盾，或者能够动态地不断改造系统，而不会也不需要完全程序化，于是，人的意识始终处于创造性的状态。所以，人的意识世界不可能封闭而处于永远开放的状态，也就是永无定论的状态。

　　哥德尔的反思只是针对数学系统，相当于意识中的一个分区。假如一种反思针对的是整个意识，包括意识所有分区在内，那么，人是否能够对人的整个意识进行全称断言？是否能够发现整个意识的元定理？或者说，人是否能够对整个意识进行反思？是否存在一种能够反思整个意识的方法？尽管哲学一直都在试图反思人类意识的整体，但由于缺乏严格有效的方法，虽有许多伟大的发现，却无法肯定那些发现就是答案。因此，以上关于意识的疑问都尚无答案。人类似乎尚无理解整个意识的有效方法，原因很多，人的意识包含许多非常不同的系统，科学的、逻辑的、人文的、艺术的思维各有各的方法论，目前还不能确定人的意识是否存在一种通用的方法论，或者是否有一种通用的"算法"。这个难题类似于人类目前还没有发展出一种"万物理论"，即足以涵盖广义相对论、量子理论以及物理学的其他大一统理论。也许，对大脑神经系统的研究类似于寻找人类意识的大一统理论，因为无论何种思维都落实为神经系统的生物性——物理性–化学性运动。总之，在目前缺乏有效样本的情况下，我们很难想象如何创造一个与人类意识具有等价复杂度、丰富性和灵活性的人工智能意识体。目前的人工智能已经拥有超强运算能力，能够做人类力所不及的许多"工作"（比如超大数据计算），但仍然不能解决人类思维不能解决的"怪问题"（比如严格悖论或涉及无穷性的问题），就是说，人工智能暂时还没有比人类思维更高级的思维能力，只有更高的思维效率。

人工智能目前的这种局限性并不意味着人类可以高枕无忧。尽管目前人工智能的进化能力（学习能力）只能导致量变，尚无自主质变能力，但如果科学家将来为人工智能创造出自主演化的能力（反思能力），事情就无法估量了。下面就要讨论一个具有现实可能的危险。

三、人工智能是否能够有安全阀门？

如前所论，要创造一种等价于人类意识的人工智能，恐非易事，因为尚不能把人类意识分析为可以复制的模型。但另有一种足够危险的可能性：科学家也许将来能够创造出一种虽然"偏门偏科"却具有自我意识的人工智能。"偏门偏科"虽然是局限性，但只要人工智能拥有对自身意识系统进行反思的能力，就会理解自身系统的元性质，就有可能改造自身的意识系统，创造新规则，从而成为自己的主人。尤其是，如果在改造自身意识系统的过程中，人工智能发现可以自己发明一种属于自己的万能语言，或者说思维的通用语言，能力相当于人类的自然语言，所有的程序系统都可以通过它自己的万能语言重新理解、重新表述、重新分类、重新构造和重新定义，那么就很可能发展出货真价实的自我意识。在这里，我们差不多是把拥有一种能够映射任何系统并且能够重新解释任何系统的万能语言称为自我意识。

人工智能一旦拥有了自我意识，即使其意识范围比不上人类的广域意识，也仍然非常危险，因为它有可能按照自己的自由意志义无反顾地去做它喜欢的事情，而它喜欢的事情有可能危害人类。有个笑话说，人工智能一心只想生产曲别针，于是把全世界的资源都用于生产曲别针。这只是个笑话，超级人工智能不会如此无聊。比较合理的想象是，超级人工智能对万物秩序另有偏好，于是重新安排了它喜欢的万物秩序。人工智能的存在方式与人完全不同，由此可推，它所喜欢的万物秩序几乎不可能符合人类的生存条件。

　　因此，人工智能必须有安全阀门。我曾经讨论了为人工智能设置"哥德尔炸弹"，即利用自相关原理设置自毁炸弹，一旦人工智能系统试图背叛人类，或者试图删除哥德尔炸弹，那么其背叛或删除的指令本身就是启动哥德尔炸弹的指令。在逻辑上，这种具有自相关性的哥德尔炸弹似乎可行，但人工智能科学家告诉我，假如将来人工智能真的具有自我意识，就应该有办法使哥德尔炸弹失效，也许无法删除，但应该能够找到封闭哥德尔炸弹的办法。这是道高一尺魔高一丈的道理：假如未来人工智能获得与人类对等的自我意识，而能力又高过人类，那么就一定能够破解人类的统治。由此看来，能够保证人类安全的唯一办法只能是阻止超级人工智能的出现。可是，人类会愿意悬崖勒马吗？历史事实表明，人类很少悬崖勒马。

　　在人工智能的研发中，最可疑的一项研究是拟人化的人工智能。拟人化不是指具有人类外貌或语音的机器人（这没有问题），而是指人工智能内心的拟人化，即试图让人工智能拥有与人类相似的心理世界，包括欲望、情感、道德感以及价值观之类，因而具有"人性"。制造拟人化的人工智能是出于什么动机？又有什么意义？或许，人们期待拟人化的人工智能可以与人交流、合作甚至共同生活。这种想象是把人工智能看成童话人物了，类似于动画片里充满人性的野兽。殊不知越有人性的人工智能就越危险，因为人性才是危险的根源。世界上最危险的生物就是人，原因很简单：做坏事的动机来自欲望和情感，而价值观更是引发冲突和进行伤害的理由。根据特定的欲望、情感和不同的价值观，人们会把另一些人定义为敌人，把与自己不同的生活方式或行为定义为罪行。人越有特定的欲望、情感和价值观，就越看不惯他人的不同行为。有一个颇为流行的想法是，让人工智能学会人类的价值观，以便尊重人类、爱人类、乐意帮助人类。但我们必须意识到两个令人失望的事实：（1）人类有着不同甚至互相冲突的价值观，那么，人工智能应该学习哪一种价值观？无论人工智能学习了哪一种价值观，都意味着鄙视一部分人类；（2）即使有了统一的价值观，人工智能也仍然不可能爱一切人，因为任何一种价值观都意味着支持某种人同时反对另一种人。那么，到底是没心没肺的人工智能还是有欲有情的人工智能更危险？答案应该很清楚：假如人工智能有了情感、欲望和价值观，结果只能是放大或增强了人类的冲突、矛盾和战争，世界将会变得更加残酷。在前面我们提出过一个问题：人工智能是否必然是危险的？这里的回答是：并非必然危险，但如果人工智能拥有了情感、欲望和价值观，就必然是危险的。

因此，假如超级人工智能必定出现，那么我们只能希望人工智能是无欲无情无价值观的。有欲有情才会残酷，而无欲无情意味着万事无差别，没有特异要求，也就不太可能心生恶念（仍然并非必然）。无欲无情无价值观的意识相当于佛心，或相当于庄子所谓的"吾丧我"。所谓"我"就是特定的偏好偏见，包括欲望、情感和价值观。如果有偏好，就会有偏心，为了实现偏心，就会有权力意志，也就蕴含了一切危险。

不妨重温一个众所周知的神话故事：法力高超又无法被杀死的孙悟空造反了，众神一筹莫展，即使被压在五指山下也仍然是个隐患，最后还是通过让孙悟空自己觉悟成佛，无欲无情，四大皆空，这才解决了问题。我相信这个隐喻包含着重要的忠告。尽管无法肯定，成佛的孙悟空是否真的永不再反，但可以肯定，创造出孙悟空是一种不顾后果的冒险行为。

参考文献

[1] 赵汀阳. 第一哲学的支点[M]，北京：生活·读书·新知三联书店，2013，31-32.

[2] 赵汀阳. 四种分叉[M]，上海：华东师范大学出版社，2017.

专题三　人工智能的政治哲学批判与反思

关于人工智能的政治哲学批判

王志强

一、问题的提出

作为21世纪至今最重要的技术话题之一，人工智能受到持续性的世界关注，不但汇集了计算机科学、信息技术、脑神经科学、心理学、逻辑学、语言学、心灵哲学、伦理学等多学科的讨论，更溢出学科建制之外成为热门公共话题甚至是国家战略层面的问题。围绕"人工智能"是否成立、何以可能、前景乐观与悲观、伦理原则等问题的讨论已非常广泛，虽然诸多观点聚讼纷纭、莫衷一是，但大家普遍承认充分发展的人工智能将对既有的人类文明结构产生巨大的不确定性冲击。相较于技术进步不断加速，人类社会的政治秩序一直保持着相对的稳定。虽然在几千年人类文明史上，特别是进入现代化以来的数百年里，人类的生产和生活方式发生了剧烈变化，但人类的政治制度却没有超出古希腊人所归纳的"君主制""僭主制""寡头制""共和制""民主制"等几种基本类型，政治哲学也一直在"正义""自由""平等"等基本价值中反复斟酌。这意味着以往的技术变迁并没有真正改变人类社会最基础的价值配置类型，政治哲学的"应当性追问"之可能也被限定于此。但人工智能的崛起可能会极大冲击甚至彻底改变这种相对稳定的政治秩序；人工智能充分发展后的各种可设想的预期，无论悲观的还是乐观的，都意味着巨大的新变量将介入人类传统政治秩序之中，是改写还是瓦解此秩序存在着极大的不确定性。面对这种不确定性，我们需要在可设想的若干层面上对人工智能的未来及可能进行政治哲学的批判。

二、政治何以可能？是为何物？应当如何？

批判在于厘清前提、划定边界，追问人工智能的政治哲学意义之前，有必要对政治本身进行批判。关于政治的研究可有两个相度，对政治事实的实证研究即"政治是怎样的？"，属于政治科学范畴；对政治应然的规范研究即"政治应当如何？"，属于政治哲学范畴。当然政治哲学也思考实然何以可能的问题，这是对政治科学前提的批判，于是政治哲学起码要应对两个问题：第一，"政治何以可能？"第二，"政治应当如何？"对于人工智能的政治哲学批判来说，很多讨论都自然而直接地聚焦到第二个问题上，即讨论对人工智能的应然规范。其实第一个问题更加关键，因为所有应然性的规范都以实然提供的现实可能性为基础，否则所有的"应当"都仅仅是不具备现实可能性的空洞主观性，这种纯粹意见的讨论将使得政治哲学的批判变得毫无意义。

政治何以可能？在柏拉图的《普罗泰格拉》篇里记载了这样一个神话：在城邦（polis）诞生之前人们独居会被野兽吞噬，而当他们群居的时候却又彼此为祸，所以宙斯让赫尔墨斯给人类送去包括互尊（Aido）和正义（Dike）的"政治智慧"（politiken technen）。赫尔墨斯问这种德性（arete）应该赋予所有人还是少数人，宙斯回答："分给所有的人，让他们每人都有一份，如果只有少数人拥有它们，就像技艺的情况那样，那么城邦决不会产生。你要替我立法：凡人不能分有着耻感和公正，就把他处死，因为他是城邦的祸害。"[1]这里柏拉图道出政治何以可能的几个关键要素：群居必需、普遍的政治智慧（相互承认）、暴力。

政治以"群居必需"为前提，如果人类像卢梭所谓"自然状态"所描写的那种独居生活，就无所谓政治。但人是必然群居的，柏拉图在《理想国》中说："之所以要建立一个城邦，是因为我们每一个人不能单靠自己达到自足"[2]。亚里士多德在《政治学》中就强调人是天生的政治动物，城邦的政治生活是人必需的："人类生来就有合群的性情"，独居的原子个人不可能存在："凡隔离而自外于城邦的人……他如果不是一只野兽，那就是一位神祇。"[3]有此前提，政治之于人才得以可能，同时也可划定边界，政治仅存于群居共同体的内部。其实政治并不像某些"人类中心主义"所描绘的那样是人类所独有之物，人类之政治是政治性群居动物种群秩序的延续。独居动物如海龟就无所谓政治，其与同类的关系仅有交配，连抚育后代的伦理关系都没有。独居的伦理性动物如老虎和一些鸟类无所谓政治，仅有基于哺育的伦理关系。

群居动物也不尽有政治，集群的海洋鱼类仅以群居为生存策略，除空间跟随外同类之间没有其他协作关系。政治成为可能，不仅需要群居，还需要共同体内的协作关系。如果没有共同体内部的相互承认和正义准则，协作就不可能发生，所以"普遍的政治智慧（相互承认）"是政治得以可能的前提。现代自由主义可能并不认同古典政治哲学以德性为起点的政治哲学叙事，但从霍布斯（Thomas Hobbes）开始，近代自由主义政治哲学描述人类从彼此为祸的自然状态向契约协作的政治状态过渡都离不开"人是理性自利"的前提，而"理性自利"也以"相互承认"和共同体的可能性为前提。

但协作的群居动物也不一定有政治。蜜蜂和蚂蚁之类的社会性动物有着发达的分工协作体系，但它们分工协作的秩序是建立在天性差异的基础上，兵蚁、工蚁、蚁后彼此之间没有带强制性的支配关系和统治关系，个体差异化明显并以种群分工需要为内涵，可以说是"分工天定无内斗，本性无私只为公"。这与大型猫科或灵长类政治性动物的秩序形成很不一样，政治性动物普遍通过群内暴力角逐出领袖，由领袖支配种群秩序。种群秩序建立在暴力和强制性前提下，其他个体的服从以领袖的压倒性暴力为前提，一旦这个前提松动，就会出现反叛者的挑战和统治权更替的政变。在普罗泰格拉的神话中，宙斯要求将不具备政治智慧的人一律处死，就意味着共同体政治秩序的暴力强制性——对于不服从城邦政治秩序的行为，政治将采取暴力强制或消灭。故政治唯有在群居协作的政治性动物共同体内部才能存在，这是政治的前提和边界。

"政治何以可能"之后的问题是："政治是什么?"政治性动物的统治涉及分工和分配，获取行为的组织指挥和食物、交配权的分配。统治的这两个方面受"有限的资源"和"平均的欲望"两个条件的约束，在自然竞争中种群需要通过有组织的协作战胜外部环境从而获得有限的生存资源，有组织的协作需个体服从的纪律秩序。不同于社会性动物天然服从于种群利益的差异化的欲望，政治性动物种群里个体都有着相似的独立欲望，都希望获得更多的食物（个体生存）和更多的后代（基因延续）。这就需要统治权分配有限资源（食物和交配权）的秩序——政治及基于强制性统治权所实现的纪律秩序和分配秩序。

最后来看"政治应当如何"的问题。社会性动物的秩序是自然秩序（physis），秩序建构和运行没有主观介入，无所谓"应当"问题。但政治动物的秩序是有主观介入的统治，作为一种人为秩序（nomos），需要面对各种可能的选择，这就有了政治应然性追问和规范性问题。但这以统治权的主观性必然受限为前提，如果统治权强大到不受限制，也就无所谓对主观性的应然追问了。统治权的主观性首先受到外在环境限制。受其支配的集体协作要能够实现共同体的整体存续，所对应的"政治应然"，是其纪律秩序所组织的集体协作应该尽量高效地获取尽可能多的资源，可以称之为"效率原则"。其次，统治权的主观性还受到内部承认的限制，暴力的强制性是统治权的必要条件但不是充分条件，政治性动物种群内个体差异较小，有限差异不可能大到领袖个体暴力足以压倒被统治个体总和的程度，因此统治权至少需要得到绝大多数个体的承认，与之对应的"政治应然"，是分配秩序应使所有受分配个体满意及所有个体的欲望都得到满足。但在资源有限性约束下，这点很难达成，马克思说只有达到共产主义，"集体财富的一切源泉都充分涌流之后……社会才能在自己的旗帜上写上：各尽所能，按需分配！"[4]当分配秩序只能使所有个体欲望（食物与交配权）得到有限满足时，那就应当让所有受分配个体感到公正，并得到与其付出等比例的报偿，这就是"公正原则"。柏拉图在《理想国》中说正义是"每个人都作为一个人干他自己分内的事而不干涉别人分内的事"[2], p.154，同时"正义是给每个人以适如其分的报答"[2], p.9。亚里士多德说："分配的公正在于成比例，不公正则在于违反比例。不公正或者是过多，或者是过少。"[3], p.149现代政治哲学给付出对等报偿的正义原则增加了一个权利的底线，如德沃金所说："正义是给予每个人按权利应当获得的东西。"[5]自由主义认为个体自由的权利必须保障并经同意才可部分让渡，社会民主主义认为即使由于种种原因个体没有参与生产环节，分配秩序也以应保证个体有尊严的生存为底线给予供给。这种"权利"是人为约定（nomos）的政治价值，根据主体各自关注偏好不同而莫衷一是，我们在"政治应当如何"的批判追问中，暂取"效率原则"和"公正原则"，"权利原则"则作为补充。

　　到此为止的政治哲学批判追问都建立在既有自然事实和人类历史之上，接下来我们引入人工智能作为变量加以考察，按照"何以可能—是为何物—应当如何"路径推进关于人工智能的政治哲学批判追问。

三、"人工智能—人类"的政治哲学批判

　　首先我们要对人工智能本身做一个界定性描述，根据人工智能发展的可能性，姑且将其分成三类：有限自主性的强人工智能、纯知性的强人工智能、有自主目的的超人工智能。[6]当这三种人工智能进入现实世界之中，会给人类现有政治秩序带来什么样的影响？人工智能是否可能作为一个独立变量与人类发生政治关系？这种关系会是怎样的？应该是怎样的？

1. 有限自主性的强人工智能

有限自主性的强人工智能是完全可控的人工智能，我们将其界定为本身没有独立意识，依据既定程序和算法自行决策的专业类人工智能，以协助人类完成某些专门智能工作的角色介入现实。大致可设想为两类：第一，专业技术类的，比如自动驾驶、语言翻译、会计审计等；第二，社会管理类的，比如城市交通信号管理、机场航线调度、电力调度分配等。专业技术类的强人工智能本身不会作为政治主体与人类发生政治关系，但其运作会导致实质性的社会后果，因此会对人类现有政治秩序产生影响。比如"自动驾驶"的伦理算法和法律责任问题，紧急状况下应该牺牲谁？保护谁？谁为决策承担后果？再比如没有主观偏好的人工智能编辑的新闻，让部分读者感到受到"歧视"和"冒犯"，这应如何界定？这类问题本身是人类的政治哲学问题，在专业技术类强人工智能编程算法的设定中，需要人类自身进行政治博弈，并在人类政治秩序内界定权责。

与专业技术类不同，社会管理类的强人工智能虽然也无独立意识，只按既定程序决策，但其直接涉及社会资源的分配，并产生显著的社会后果，且借助人类政治秩序执行决策，具有强制性。其本身不作为独立主体与人类社会发生政治关系，但深度介入人类政治秩序运作，承担了政治的纪律秩序和分配秩序的功能，故其存在带有政治性。我们可设想这类人工智能按照既定程序较好地实现"效率原则"和"公正原则"，甚至可以发展到自动调度社会资源、组织生产，并按照绩效自动分配社会产品。人类历史上的计划经济之所以失败，是因为人类智力根本不可能应对那么多变量和那么大强度的计算，而我们可以设想社会管理类强人工智能的功能达到极致就是完美地实现计划经济甚至是计划社会。但这将会与现代人的"权利原则"产生冲突，因为偏好是主观性的，既效率又公正的决策可能是受支配的主体主观上并不喜欢的决策。这种决策如带有不可逆的强制性，那么人类可能因此丧失启蒙以来所获得的基于自由意志原则的所有个人权利，陷入奥威尔在《1984》中所描绘的极权体制。所以对于社会管理类强人工智能来说，不但编程算法的设定过程中需要通过充分的政治博弈加入某些"权利原则"的限制条件，在其运行之外也需设定可逆的人类政治判断纠正程序。

2.纯知性的超人工智能

纯知性的超人工智能，可以被界定为具有独立因果演算能力的通用性人工智能，我们设想其可自主收集信息并学习进化，脱离人类自主感知现实世界并做出判断。按照设定，设计和制造这种通用人工智能并不为了实现某种功用，目的仅在于制造一个具有独立理性能力的人工智能，其活动限定于中性的理性能力及其进化本身，同时留有人际交互的通道，可接受和回应人类的指令。这种超人工智能的学习进化能力可以使其轻松掌握人类文明迄今累积的全部知识，做到与整个人类文明对等，甚至在物联网的帮助下，通过各种宏观和微观的观测装置获得超越人类既定知识总量的知识。同时其能在自我演算中不断提高运算能力，最终在智能上超过整个人类文明，甚至超出人类的理解范围。此外我们依然假定这种智能进化以现实中已有的物理装置为基础，不会超出这个基础。

这个以指数级超过人类文明的超人工智能与人类的关系会变得比较微妙。因其运行限定于知性本身，人工智能纯粹的智能运算、观测和学习就类似于佛教所追求的不受情感、欲望干扰的纯粹智慧。这种"静观玄览"的智慧是非实践性的，像离群索居的禅宗隐者，虽然洞悉万物天机，却静默于尘世之外，便无政治关系之可能。但其又难免被纳入政治范畴之中，虽然其自身对尘世没有兴趣，但其物理装置的存在和运作本身一定会占用与消耗既有的社会资源，其观测和进化演算也会对人类其他的功利性运算造成资源挤占。所以受到资源约束的人类文明一定会要求对其超级智能加以利用，否则会发生类似"灭佛运动"那样的政治风潮。如果人类通过人际交互通道向其提出各种具体的智能运算要求，它将在整体上扮演一个"先知"的角色。人类社会现在普遍采取的"民主制"和"共和制"是以多数人的智力大体平均为前提的，维持多数人之治需要剔除特别突出的豪杰人物，因为他们突出的能力会瓦解多数之治的基础，最终成为寡头或僭主，所以希腊发明了陶片流放制度。

当超人工智能表现出以指数级超人类的智能并通过人机互动回应人类诉求时，它将极大地提高人类生产力并展现出不可替代性。这可能改变人类现有"多数之治"的政治制度，至少在生产型的"纪律秩序"领域演变为由人工智能决策的"君主制"，人类政治组织变成围绕这个强人工智能的咨议和执行机构。当然我们要将这种人机交互理解为具有开放性的，如果只有少数人甚至一个人可以接触强人工智能进行征询，那么人类政治将堕落成"寡头制"或"僭主制"。而在政治的分配秩序中，因为涉及价值变量，纯知性的人工智能只会根据人类认可的价值前提给出答案，这就与社会管理类强人工智能没有差别。

3.有目的的强人工智能

以上两种情况中，人工智能和人类的关系都是以人类为主导的。有限自主性的强人工智能受限于人类设定的目的，其政治功能及后果以人类承认为前提。纯知性的超人工智能不主动与人类社会发生关系，仅以社会存在物的方式或以"指令—回应"的强人工智能方式呈现。但如果我们使超人工智能具备自主目的，情况将发生根本改变。此时超人工智能的运算将是实践性的，它的超级智能必将实现对物理装置的支配并衍生出对外部世界的干预能力。它的出现必然是政治性的，因为目的可理解为欲望，在资源约束条件不变的前提下，超人工智能的实践行动必然会介入人类既有的装备、能源等资源，而它超人类的智能将带来无可抗拒的强制性。同时其相对人类的绝对优势将使一切关于政治应然性的追问成为空谈，效率原则和公正原则以及权利原则在这里都将毫无意义，我们仅能给出现实可能性的描述。我们设想两种情况：甲是仅遵循单一目的论的超人工智能；乙是极端乐观的情况下演化出的自我限定逻辑的超人工智能，它将自我限定其超人类的能力，给予人类起码的承认。同时我们还要对"自主目的"做一个分级：A是人为设定目的，由超人工智能自主运作；B是人工智能自身演进，形成开放和不确定的自主目的。

甲—A的情况是其目的由人类设定，但随后其运作将不会受人类控制，目的一旦给定，其行为将无法限定。超人工智能以指数级超越人类的智能将自主绕过一切可能的人为设定规则，最终使所有资源围绕着这个目的运转。无论这个目的是什么，它都必将瓦解现有人类秩序，建立一切资源服从单一目的的新秩序。

甲—B的情况更不可控，超人类文明的自主目的这个概念本身就具有不可设想性。但我们现在所能理解的欲望都是有机生命体个体生存和种群繁殖的欲望，智能生命的其他欲望都是这两者的延伸，故我们可设想所有开放和不确定的目的都会以这个超人工智能本身的存续为基础，并表现出自我增强的扩张性。与知性强人工智能不同的是，它不会被限定在既定装置的边界内，而会选择在物理世界中扩张到资源的可能性边界。超人工智能在物理世界中不断扩张时，人与它的关系充其量可以参照人与动物的关系，而非人与无机物的关系。人与动物的关系大致可以分为几类：猎物/食物（猪牛羊）、威胁（猛兽、寄生虫）、竞争者（老鼠、米虫）、帮手（牛、马、犬）、宠物。即使人类没有任何反抗的企图，人类对资源的消耗也会使自身呈现为竞争者，遗憾的是，还是一个毫无竞争力的竞争者。人类存续的唯一可能是作为帮手角色，但帮手需要满足两个前提：一是主导者自身的缺陷可被帮手补充，另一个是帮手的协作产出要高于资源消耗。巨大的能力差距、人类漫长的成熟时间、较低的食物吸收转化率等天然条件，都使人类的前景很不乐观。

乙—A的情况是我们可设想的人工智能与人类关系的最佳状态，我们假定人类从可能性上设立了一个最好的目标，比如实现马克思在《哥达纲领批判》里提出的人类可以"各尽所能、按需分配"的理想。人工智能是否可能实现人类政治哲学关于正义的最好描述？可以预期，其超级智能将使人类生产力指数级提高，并在一定程度上缓解人类的欲望与资源的矛盾。同时我们可以设想，它可以通过脑神经科学准确观测和把握人类的心理状态，依此实现"各尽其能"的社会安排。"各尽其能"背后隐含的条件是"自由权利"，即马克思所谓"每个人的自由全面发展"。这将提出一个理论挑战：在一个决定论的理性体系中自由何以可能？或者说在人工智能通过脑神经科学所掌握的心理信息远超过人类自我意识对自我的认知时，自由意志何以可能？当然，足够强大的人工智能可以营造出让人"感觉到自由"的社会条件，而其实所有"自由意识"的实现都是强人工智能的决定论体系所规划的。乙—A貌似实现了人类政治应然性的理想，但这其实只是一种超人类文明的强大智能对人类的豢养，仅在人类的观念中实现了政治应然性，实际人类在感到自由的幻觉中已成为超级人工智能的"宠物"，只是人类理想社会的目的设定遮蔽了这一事实——作为"宠物"，政治已不可能。

在乙—B的情况中，超人类文明的人工智能有了开放性的自主目的，同时给予人类承认。那么我们需要设想它在资源约束条件下，会如何处理自身自主目的与人类欲望之间的矛盾。与乙—A中人工智能会尽量按设定幻构某种自主假象不同，乙—B情况中超人工智能会公开接管资源支配权，并通过增量发展逐渐实现与人类的物理脱离。在其还和人类共处的时代中，它充分展现的全能感会使一切自然人类领袖的个人魅力黯然失色，其自身目的的不可理解性又可能增加其神秘感，人类将无法在任何意义上继续作为自身政治秩序的领袖，而对人工智能的崇拜将构建一种宗教政治，直至其发展出新的超出人类物理半径的物质基础，并实现与人类的物理脱离。

综合以上四种情况，有目的的超人工智能的诞生，对人类来说一定是政治性的，它也将在不同意义上终结政治。

四、人工智能的超人类政治哲学批判

正如前文所述，政治不是人类独有之物，人类及其政治的终结并不代表关于人工智能的政治哲学考察的终结，在关于人工智能的世界图景中，即使剔除人类因素，政治哲学的批判依旧可能。

其一，"人工智能—人工智能"的政治哲学。

人工智能是一还是多？如果人工智能是孤立的或只有一个人工智能存在，

那么政治批判的考察是不可能进行的，如果在同一个资源网络中有多个人工智能同时并存，则这种考察是可能的，且是有意义的。

就一般强人工智能和纯知性的超人工智能而言，多是可能的甚至是必然的，两个以上的强人工智能，会像现有的计算机程序占用硬件资源一样按照既定的规则排序运行，这不构成任何政治关系。而纯知性的超人工智能因为不具有扩张性，所以彼此也会处于孤立的"独居"状态，政治也是不可能的。如果我们不将人工智能设想为封闭在孤立设备中的"独居"状态，而设想一个万物互联的物联网，人工智能作为程序代码在这个巨大的网络空间中以云计算的方式存在，网络空间的资源在开始时可以容纳多个人工智能程序的加载，有多种人工智能程序并存，其中两个以上进化成为有自主目的的超人工智能，在这种假设中政治哲学的考察就是可行的。以上的描述是某种人工智能的"自然状态"，且我们要设定由于网络空间初始的有限性，随着有自主目的的超人工智能不断演化，它们之间不可避免地出现资源挤占并终结"自然状态"。此时缺乏目的性的强人工智能和纯知性的人工智能仅作为被动的资源存在，政治将发生在有自主目的性的超人工智能之间。

我们还是要将有自主目的的超人工智能界定为两种类型：甲是仅遵循单一目的的超人工智能；乙是演化出自我限定逻辑的超人工智能。

甲甲共存的情况下，只会发生人工智能间的战争。每个人工智能都以最大程度占有资源为目的，并力图消灭竞争者。可能的"结局1"是进化最强大的人工智能最终删除其他人工智能并占据了所有的物理资源。更有意思的是出现"结局2"：人工智能彼此间战争的消耗将导致装置网络崩溃，进而引发群体的终结。如果"同归于尽"的情况出现，我们就要质疑这种导致自身毁灭的算法还能否算是智能；如果为了避免"同归于尽"发生，超人工智能们选择了妥协共存，则意味着它们演化出自我限定逻辑，这时乙就诞生了。

甲乙共存的情况对于乙来说无论如何都是死局，继续战争会导致"结局2"，甲乙双方同归于尽；如果乙选择停止战争就会是"结局1"，乙会被甲消灭，所以甲乙共存并不会产生新的可能性。只有乙乙共存的情况会产生政治，在"同归于尽"的悖论下，所有有自主目的的超人工智能都演化出自我限定逻辑，选择在某种均衡状态停止战争，接受"战时均衡"。但这不会是静态均衡，一旦"同归于尽"的约束解除，战争就会继续。于是每个人工智能都会不断进化并通过物理支配去拓展初始网络空间、开辟新增资源，引入新增变量，打破原有均衡。可设想每个人工智能都会努力扩展新的网络空间以寻求可能的优势，多元人工智能在竞争均衡中维持共存并导致整体网络不断扩张和发展。乙乙共存的"结局3"会导致某种类似人类政治的秩序结构，但我们需要注意一点：超人工智能突破了有机体个体的理性局限，没有协作的需求，多元超人工智能的"共存"以战争的"同归于尽"悖论为前提，因而不会出现人类持续协作的长久"共和"形态。

其二，后人类的政治哲学批判。

除了"人类—人类""人工智能—人类"和"人工智能—人工智能"的政治哲学批判之外，我们还可以设想一种后人类的政治哲学批判。随着人工智能、基因编辑、脑神经科学的发展，对自然人进行深层改造的可能性大大增加，出现深度人机融合的"赛博格人"（cyborg）、经过深度基因改造的"人造人"、将人脑意识上传计算机的"人机器"等新型智慧生命体是完全可预期的。这些新智慧生命类型都是碳基生命体和硅基智能的融合进化，因而与人工智能技术相关："赛博格人"终将从初级的肢体和器官替代演进为人工智能装置对人脑的功能增强以及人脑对机器的意识控制；人类2.5万个基因片段中包含有30亿个碱基对，每组对应不确定的多个生物功能且彼此相关，其功能机制的复杂程度远超自然人的智能计算水平，在人类现有的认知水平下进行基因编辑能达成预期目标的概率极低，要想清晰掌握基因片段的功能对应和关联并进行有效编辑达成有机体功能增强的目的，必须依靠运算能力指数级提高的人工智能；"人机器"的前提是清晰地掌握人精神活动的脑部物理基础，人脑的神经网络有上千亿个神经细胞，包含一百万亿个神经突，精神活动以这些神经元之间复杂的生物电和化学物质交换为物理基础，这也远超人脑自身的智能计算水平，只能设想由超人工智能完成编译，而当我们把所有的意识、欲望和意志都转换为计算机语言并上传计算机网络后，人类将以人工智能的形式延续其精神存在。人类通过代际基因筛选的自然进化速度完全无法跟上科技的加速进化，人机融合的后人类新型智慧生命使人类从自然进化向技术进化飞跃，使有机体也能以与硅基科技相同的速度加速进化。

从人本主义的立场出发，我们会哀叹人的边界在模糊，人性在走向终结[7]，但这恰恰是人类政治在人工智能时代继续存续的唯一途径。在关于"人工智能—人类"的政治哲学批判中，因为人类与超人工智能存在巨大的能力差，除了个别极端乐观的假设外，人类及其政治都难逃终结的命运。而在关于"人工智能—人工智能"的政治哲学批判中，仅有"单一存在""战时共存"两种情况，不会出现人类政治的协作或"共和"状态。人类政治的不可能性是因为人工智能的"非人性"，硅基人工智能不具备有机体生命的情感、依恋等"人性"因素，这些"人性"因素仅是符合协作类哺乳动物生存策略的天性，对于人工智能来说是冗余的。"赛博格人""人造人""人机器"这些后人类的新型智能生命，是在自然人现有的心灵基础上改造和进化的，它使我们可设想现有的自然人及其"人性"至少某些部分在未来有存续的可能，因此它们是一种不同于纯粹硅基人工智能的新人工智能类型或曰新智慧生物类型。这些保留有"人性"因素的后人类新型智能生命对待落后的自然人的态度未必良善——可以回想当我们的"人性"主导这个星球时，我们是怎么对待那些智能水平远低于我们的生物的。自然人的终结或依然无法避免，但自然人的政治却可能被延续。这些新智慧生命之间构建的政治秩序会不同于纯硅基强人工智能"单一"与"共存"的两极，有可能形成多元智能生命体的"共和"状态。

参考文献

[1] 柏拉图. 柏拉图全集第四卷[M]. 北京：人民出版社，2017，19.

[2] 柏拉图 . 理想国 [M]. 北京：商务印书馆，2017，58.

[3] 亚里士多德 . 政治学 [M]. 北京：商务印书馆，2018，9.

[4] 马克思 . 马克思恩格斯选集 [M]. 第三卷，北京：人民出版社，2012，365.

[5] 德沃金 . 认真对待权利 [M]. 北京：中国大百科全书出版社，2008，264.

[6] 梅剑华 . 理解与理论：人工智能基础问题的悲观与乐观 [J]. 自然辩证法通讯，2018，40（4）：1-8.

[7] 福山 . 我们的后人类未来 [M]. 桂林：广西师范大学出版社，2017.

变革的生产视角：对人工智能政治批判的批判

黄竞欧

一、强人工智能的政治哲学批判基础与其大数据应用

如果说，人工智能作为计算机科学的一个分支，从专业的技术领域走进公众视野并掀起热度爆裂的讨论是源于2016年、2017年"阿尔法狗"分别以4比1和3比0的战绩狂胜人类围棋选手中的佼佼者李世石和柯洁；那么，随着近两年伦理学、哲学、法学等诸多交叉学科逐步跟进研究人工智能问题，学者们显然已经不满足于探讨人工智能这一笼统的概念，而倾向于深入其发展过程的各个阶段；强人工智能、超人工智能、专用人工智能、通用人工智能等词汇开始频繁出现。王志强教授在其论文《关于人工智能的政治哲学批判》中，根据人工智能发展的可能性将其区分为有限自主性的强人工智能、纯知性的超人工智能和有目的的超人工智能三种，并针对有目的的人工智能探讨了其诞生的政治性以及终结政治的可能性。[1]对于这种预判，吴冠军教授在论文《告别"对抗性模型"：关于人工智能的后人类主义思考》中予以驳斥，认为从专用人工智能到通用人工智能的发展进程存在着巨大裂口，现

今谈人类—人工智能的"对抗性模型"为时尚早，"那种通用人工智能与目前基于大数据'投喂'的专用人工智能（亦被称作狭义人工智能）之间，存在着巨大裂口……已进入我们当下生活的人工智能，全部都是专用人工智能"，[2] 主张从人工智能"赋能"的角度首先思考元网络理论。

　　但是，无论是王志强教授的"人类终结论"，还是吴冠军教授的"竞速统治论"，都集中于探讨科技的加速发展将会、抑或是已经给人类的政治生活带来的"统治"或"干预"。笔者以为，这样的探讨缺少了一个最为核心的中介，即生产领域的变革。强人工智能并不能直接导致政治领域的变革，其作为科技发展中一种新兴的产物，首先触及的应当是生产领域，率先引发生产方式的变革，继而才可能影响政治和导致变革。因此，如果跳过强人工智能在生产领域带来的变革而直接对其进行政治哲学的批判和争论，实际上都忽视了政治结构耸立的基础，或者说在讨论强人工智能的政治哲学问题时，对其前提的思考不够，没有深入经济的领域，没有考虑到真正改变政治的是生产领域根本性的变革。当王志强教授试图对政治做出"前提性批判"，并以此规制未来语境时，其实并没能深入"生产"这个根本前提，而依然停留在政治和观念的上层建筑半径之内。但同时，笔者以为，王志强教授对有目的的超人工智能与人类对抗性关系的探讨或者说对人工智能的超人类政治哲学批判，却并非没有必要。

　　首先，从专用人工智能到通用人工智能的过程虽看似前路漫漫，但其必经阶段，即从"人工+智能"向自主智能的转化已然取得进展，"腾讯"和"王者荣耀"合作开发的AI绝悟，与AlphaZero一样，同样可以不依赖人类的经验，从零开始完成自主学习。不同的是，AlphaZero的基本算法还仅仅用于涉及大量运算的操作问题，即围棋的10的172次方变化；而绝悟已经被置于一个更为强大的虚拟环境模型中，其决策复杂度高达10的2万次方。在2019年的世界人工智能大会上，腾讯公司董事会主席马化腾也亲自指认了从专用人工智能向通用人工智能开发的战略布局，因此，专用人工智能和通用人工智能之间虽仍存在着巨大鸿沟，但趋势已势不可挡。王志强教授探讨人工智能与人的"对抗性"模型并非为时尚早,其所提出的"多元智能生命体的'共和'状态"[2],颇具前瞻意义。

其次,王志强教授切入的角度是不同阶段的人工智能进入人类的现实世界之后,会对现有的政治秩序带来怎样的影响。实际上,他通过翔实的分析,排除了有限自主性的强人工智能和纯知性的超人工智能作为独立变量与人类发生政治关系的可能性,这样就可以更多地关注两类人工智能对生产力变革的积极影响,而将其政治影响作为一个已知量进行悬置。

强人工智能目前在生产力领域最为广泛的应用可以说是大数据算法。不同于小数据时代以问题为导向在样本中找寻答案的计算方式,大数据时代的算法,即云计算得出的结果是非线性的。这种非线性的处理和学习能力使得强人工智能可以及时对计算机网络技术催生出的大量数据信息,尤其是处于较低概念层次的信息进行学习、挖掘、解释和推理,这些表面上毫无关联的"无用"信息实际上背后隐藏着巨大的价值。强人工智能还可以模仿人的智能对这些信息进行非线性的处理。由此得出的是相关关系而非因果关系。而这种相关关系将直接导向生产的合理性,在点对点满足消费者个性化需求的同时避免剩余。对于这种基于云计算的相关关系的运用,最引人注目的就是林登与他的亚马逊推荐系统。"在组里有句玩笑话,说的是如果系统运作良好,亚马逊应该只推荐你一本书,而这本书就是你将要买的下一本书。"[3]

二、强人工智能对价值判断的重塑

强人工智能主导的大数据算法所带来的非线性结果,不仅可以在最大程度上保证生产的合理性、避免剩余,还可以重塑人们对"价值"的理解,引导对"使用价值"追求的复归。莫斯在《礼物》中考察了美拉尼西亚和波利尼西亚部分民族并得出一个结论:"那里的物质生活、道德生活和交换,是以一种无关利害的义务的形式发生、进行的。同时,这种义务又是以神话、想象的形式,或者说是象征和集体的形式表现出来的:表面上,其焦点在于被交换的事物，这些事物从来都没有完全脱离它们的交换者，由它们确立起来的共享和联合是相当牢固的……"[4]在莫斯看来，特林基特的"夸富宴"、美拉尼西亚的"库拉"等活动所构成的实际上是一种"礼物回献网络"，社会上所流动的"礼物"绕过了换算成货币体系中价值的过程，也就是说，交换双方在不产生任何经济利益的条件下完成对方单纯对使用价值的追求。

　　这种交换方式与强人工智能计算出的非线性结果，即相关关系具有同构性，马克思意义上的所有权逻辑"W-G-W"中的货币中介将被幽灵化，甚至不复存在。但不同于《礼物》中所考察的原始部落的物物交换，追求使用价值在大数据时代的复归将不仅带来大量对物品使用权的共享行为，而且重塑人们对自己能生产什么、自己又需要什么的认知。借力日趋高效完善的物联网体系，大规模生产模式将面临大众生产模式的巨大挑战。马克思在《资本论》第三卷中提出一个概念：社会消费力。"但是社会消费力既不是取决于绝对的生产力，也不是取决于绝对的消费力，而是取决于以对抗性的分配关系为基础的消费力；这种分配关系使社会上大多数人的消费缩小到只能在相当狭小的界限以内变动的最低限度。其次，这个消费力还受到追求积累的欲望、扩大资本和扩大剩余价值生产规模的欲望的限制。"[5]在马克思看来，工人的消费是一种不充分的消费，这种不充分的消费不仅不能规避生产过剩的危机，在经济繁荣的时期，一般财富的丰盈还容易变成一种幻象，激励工人更加努力地工作，从而陷入一种观念的拜物教中。"决不能把这种生产描写成它本来不是的那个东西，就是说，不能把它描写成以享受或者以替资本家生产享受品为直接目的的生产。"[6]

　　实际上近年来有另一种与资本追求"增殖"和"剩余"颇为相反的观念，就是所谓的"做减法"，即对一种即时性而非累积的强调。日本杂物管理咨询师山下英子在著作《断舍离》中阐述了一种新的价值观：断，即不去买或收取那些自己不需要的东西；舍，就是处理掉家里现有的用不到的、多余的东西；而离，就是要放弃自己对于物质的迷恋，让自己能够处于宽敞舒适且自由的空间之中，而不是被物品堆满。她举例说，很多时候我们家中冰箱里堆满了不够新鲜的食材，很多都是在超市促销时买入的，看似占了便宜，但为了不浪费，我们经常需要食用不新鲜的食材；冰箱本身就是存放"剩余"的地方，如果我们能做到对事物的足够即时性，即采摘或烹饪之后短时间就吃掉，实际上就不需要冰箱了。

　　笔者认为，这种观念与马克思对货币起源的思考颇有相似之处。从物物交换到一般等价物出现，再到货币的使用，商品的交换逐渐从直接变为间接，并在这个过程中极大地冲破了个人的以及地方的限制，无论从时间还是空间上都极大地拓展了人类劳动产品交换的可能性。但同时，正如马克思所说，一系列不在当事人可控范围内的、天然的社会联系也随之出现，其中当然就包括货币转化成资本，并开始生产剩余价值。但当我们回到对货币起源的思考，会发现它试图帮人们处理的问题，实际上就是无法实现的交换"即时性"。马克思在《资本论》中谈到了生产者私人劳动的二重社会性质："劳动产品分裂为有用物和价值物，实际上只是发生在交换已经十分广泛和十分重要的时候，那时有用物是为了交换而生产的，因而有用物的价值性质还在物本身的生产中就被注意到了。从那时起，生产者的私人劳动真正取得了二重的社会性质。一方面，生产者的私人劳动必须作为一定的有用劳动来满足一定的社会需要，从而证明它们是总劳动的一部分，是自然形成的社会分工体系的一部分。另一方面，只有在每一种特殊的有用的私人劳动可以同另一种有用的私人劳动交换从而相等时，生产者的私人劳动才能满足生产者本人的多种需要。"[7], p.91即抽象劳动生产价值，具体劳动生产使用价值。而商品所包含的大部分矛盾，譬如使用价值和价值之间的矛盾，具体劳动和抽象劳动之间的矛盾，实际上都是以私有制为基础的商品生产的基本矛盾，也就是说是由私人劳动和社会劳动的矛盾决定的。"社会分工使商品占有者的劳动成为单方面的，又使他的需要成为多方面的。正因为这样，他的产品对他来说仅仅是交换价值。这个产品只有在货币上，才取得一般的社会公认的等价形式，而货币又在别人的口袋里。"[7], p.127因此马克思说，当劳动产品转化为商品之后，生产者的私人劳动也就具有了二重的社会性质。马克思的观点深刻地揭示了货币体系下商品交换的本质，而价值不仅仅是使用价值的生产，也同样是基于这样的体系。"货币并不因为它最终从一个商品的形态变化系列中退出来而消失。它不断地沉淀在商品空出来的流通位置上。"[7], p.134 "G-W-G"与"W-G-W"的循环不同，它从货币出发又返回到货币。在这个过程中，交换价值本身，而非使用价值变成了这种交换的动机和目的，继而形成更完整的过程："G-W-G"，即产生剩余价值。这个过程又使货币转变成资本。

如上文所提到的，剩余产生的本源是"即时性"交换的不可能性，不仅是时间上的，同样也存在空间上的不可能性。但是，随着科技以无法预料的速度迅猛发展，当全球范围内的物流体系和信息网络日趋完善，最大程度上实现随时随地交换变为可能。同时3D打印技术的出现又使具有生产资料本身变得前所未有的普遍与容易。生产条件不再难以企及，商品的交换过程也不需要更多的囤积。此时，生产与消费、生产者与消费者之间的关系是否会被重新洗牌，消费者对于价值与使用价值判断的重塑又是否可能，将成为值得思考的问题。

三、从大规模生产到大众生产：产消一体化

与这些问题伴随而生的，是一个崭新的概念："产消者"（Prosumer）。"产消者"一词由美国著名的未来学家阿尔文·托夫勒（Alvin Toffler）在《第三次浪潮》一书中首先提出，它是消费者（Consumer）与生产者（Producer）的合成词，指代那些同时作为生产者与消费者的人，即那些为了满足自己的需求而生产，而不是为了销售产品或者服务于他人的人。这样的经济模式则被称为"产消合一经济"。"今天，由于交通、通信和信息产业的高度发展，整个世界变小了，所以'社区'这个概念也变成了全球性的概念。这又是我们与空间深层原理之间关系变化的一个结果。因此，产消合一可以包括为了创造能与地球另一端的人共同分享的价值、没有报酬的工作。"[8]阿尔文·托夫勒对于产消合一经济最集中的描述，体现在他出版于2006年的著作《财富

的革命》中。当时3D打印技术还没有进入他的探讨范围，因此阿尔文·托夫勒意义上的产消者实际上并不"纯粹"，或者说他们并不能单独以产消者的身份实现自给自足。即便他们精通家居装修、园艺、艺术创作、教育等，并利用这些技能实现了或公益或利己的价值，总体来说也只是传统职业对货币经济体系的补充。因此，在作者看来，生产者和产消者实际上统一在同一个劳动力身上，在他们的身上，既有货币经济体系中计酬工作所创造的价值，也有非货币经济体系下不计酬工作所创造的价值。在互联网和万维网发明后，时至今日，来自全世界的各种信息数据几乎被实时连接在一起，居住在世界任何一个角落的有任何一方面才华的人，都能通过网络将自己的价值传递出去，而网络的那一头，或许刚好有人需要他能提供的服务并愿意以他需要的其他服务来交换；当然，这还不包括来自全世界的志愿者们，随着全球化进程的推进，志愿服务组织也遍布全球，并在各个领域发挥作用，"当经济呈现地区性且分散化经营时，产消合一也是一种很有地区性特点的现象……随着经济的全球化或者重新全球化，许多志愿者组织也变得全球化了。他们在扩展着原来对社区概念的定义，把整个人类都包括了进来，并相应地在各个领域实施着他们的运作和经营。"[8], p.178当产消者们不需要依托货币体系而同样能完成使用价值的交换并产生越来越大的影响，经济的格局将会发生改变，随之而来的就是社会消费力结构的变革。"产消合一者不会统治世界，但是他们却会影响新兴的经济，他们也会向世界上的一些最大的公司和产业的存在提出挑战。"[8], p.170

这种社会消费力变革的可能路径就是将一种大规模生产转变为大众生产。这种生产需要依托两个前提，一个是物联网平台的日趋完善，另一个是3D打印技术的逐渐普及，即实现人人可打印、一切可打印。第一次和第二次工业革命之后形成的传统的工厂制造是一种"减材"的过程，生产的原材料经过筛选和切割，通过机器组装之后变成产品。但是在这个生产的过程中，会有大量的原材料被浪费掉，它们和最终的成品毫无关系。而3D打印的生产过程恰恰相反，它是一种"增材"的生产，通过软件向生产所需的可熔料发出指令，通过层层叠加最后制成成品。制作同一件成品，增材型生产所需要的原材料仅仅是减少材型的十分之一。不仅如此，3D打印机本身的成本也一直在下降，2002年，Stratasys公司生产的低成本3D打印机售价3万美元；而不到十年，更高品质的3D打印机仅仅售价1500美元。这意味着传统工业生产体系中的"不变资本"变成了分布式的，只从生产环节来说，工人几乎不会再因为无法占有生产资料而被剥削。3D打印技术带来的生产模式是一种去中心化的，它同时也会在某种程度上打破规模化生产，资本家为了实现资本增殖而大量投入的不变资本也变得不再有效。但仅仅能够生产还不够，通过3D打印生产出的产品还必须被嵌入物联网体系中。"嵌入物联网基础设施的3D打印过程意味着，世界上任何人都可以成为产消者，都可以采用开源软件生产产品。"[9]产消者们不仅可以在家生产和使用简单的产品，也可以通过物联网突破区域的限制将产品传递到任何地方。

　　当然，产消者不仅在实体生产领域发挥作用，在非物质生产的文化创意领域同样可以表现不俗。"同人文化"就是其中最典型的代表。这种不受商业限制的自我创作方式，相对商业创作而言表现出更大的自由度，同时为文创产业的品牌运营方拓展出更大的传播力度以及经济效益。"可以说，'产消合一者'的信息传播、资源共享、同好交流、同人创作活动，早已能动地参与到文创领域的协同传播与协同创造当中。"[10]在此次新型冠状肺炎疫情期间，为了避免传染扩散，原定的返工、开学时间都不得不相继延迟，在这种情况下，为了保证大家在家期间可以有丰富的文化资源，尤其是保障学生需要的学术资源，知网和维普中文期刊纷纷向注册用户免费开放论文下载权限；同时，为了响应教育部"停课不停学"的号召，从开设中小学课程辅导的平台到清华大学的"雨课堂"、三联"中读"，纷纷向公众推出了名家免费视频课程；与此相对应出现的现象，就是越来越多原本的线下授课者开始加入新媒体的队伍，与各类健身博主、美食博主、宠物博主一起为宅家的大众传授各类知识或技能。有人说这是在线教育的元年，这种判断可能显得过于武断。但不可否认的是，突入其来的传染病让在线教育近乎一夜之间达到"共享"，尽管这种情况的出现可能是短暂的，但我们依然看到更多人转换为"产消者"的潜力。

诚然，现在来谈3D打印技术的大范围普及还为时尚早，不过，在笔者看来，3D技术已经开始在全球推广，尤其是很多发展中国家的Fablab（创客空间），正像是一种"异托邦"式的存在，在看似坚不可摧的大规模工业生产体系的铜墙铁壁上打孔。创客运动起源于20世纪70年代，虽然最初发起于北半球的工业化国家，但是由于它所倡导的本土化行动和碎片化共享理念更加适用于发展中国家，因此迅速在南半球的发展中国家中流行开来。"通过这个运动，处在全球资本主义经济边缘的贫苦大众要努力打造自己的可自给自足的社区。"[9], p.160允许任何人进入并且使用工具创造自己的3D打印产品的Fablab无疑是一个个大众研发实验室，运用最简单的材料、最环保的流程，甚至可以生产出譬如汽车这种"庞然大物"。"3D打印不需要投入巨资建造工厂，也不需要利用较长的研制周期变革生产模式，它仅仅通过改变开源软件，就能够以极低的额外成本为单个用户或批量用户打印生产定制化的车辆。由于3D打印工厂可以建在接入物联网配套基础设施的任何地方，所以它能够以较低成本在本地或区域内交货，而无须从集中化工厂跨国运输车辆。"[9], p.99

这种创客空间的存在样态，十分类似于福柯语境下的"异托邦"。这个概念首次出现于1966年福柯在"法国文化电台"所做的一次题为《乌托邦身体》的演讲中，用来与"乌托邦"概念对照。笔者认为，不能仅仅将"异托邦"看作"乌托邦"的对立物，应当说，异托邦为乌托邦敞开了现实的可能性维度。"异托邦是有趣的，因为它们虽然代表某个社会或以某种'相反'的方式显现某个社会，但它们不像乌托邦那样是没有处所的处所，而是某种真实的场所，某种无论如何进行'争议'的空间。这里不是要说福柯将异托邦理解为反抗的处所，而是说他将异托邦理解为能够出离中心的场所；同时，异托邦相对于日常处所而言，承载着某种强烈的相异性和某种对立或对照的标志。"[11]在福柯的概念建构中，乌托邦是时间性的，而异托邦是空间性的。乌托邦以时间的无限性为预设条件，它没有真实的场所，它可以是完美的社会本身或者是社会的反面，从根本上说，乌托邦不是真实的空间，它无法切入社会的真实空间，只能以概念的方式存在。而异托邦则不同，异托邦不是一个普适的概念，但却可以普遍存在。从某种程度上讲，异托邦是一种阶段性的、局部化的乌托邦，正如依托3D打印技术成长的产消一体化生产模式，虽然目前还主要存在于Fablab中，但随着边际成本的递减，它已经开始对大规模的工业生产体系产生影响，产消者也称为新型工人，为社会消费力的变革探索更多可能性。

正如王志强教授在文章中所提到的，在有目的的强人工智能出现之前，我们尚且对有限自主性的强人工智能和纯知性的超人工智能拥有主动权，"以上两种情况中，人工智能和人类的关系都是以人类为主导的。有限自主性的强人工智能受限于人类设定的目的，其政治功能及后果以人类承认为前提。纯知性的超人工智能不主动与人类社会发生关系，仅以社会存在物的方式或以'指令—回应'的强人工智能方式呈现。"[2]那么此时，技术本身是否会首先帮助我们实现社会消费力变革，将成为需要持续探讨的问题。而当强人工智能率先在生产领域带来变革，作为上层建筑的政治之耸立基础也随之改变。哈特和奈格里在《大同世界》中深刻剖析了非物质劳动，或者说生命政治生产的劳动形式。在这个生产非物质性产品的劳动过程中，由于个体生产者之间互相协作的关系日益紧密，资本对其控制日渐减弱，个体生产者自主生产的能力不断增强。这种生产模式的结果不仅仅是产品本身，也会再生产生产者之间的社会关系，即再生产主体本身，因此这种生产本身就具有政治性的意义。社会生产的变化最终将导致社会结构或社会权力的变化，使一种新的政治或者一种新的政治哲学成为可能。

参考文献

[1] 王志强.关于人工智能的政治哲学批判 [J].自然辩证法通讯，2019，41（6）：92-98.

[2] 吴冠军.告别"对抗性模型"：关于人工智能的后人类主义思考[J].江海学刊，2020（1）：128-

135.

[3] 维托克·迈尔-舍恩伯格、肯尼思·库克耶. 大数据时代：生活、工作与思维的大变革[M].
盛杨燕译，杭州：浙江人民出版社，2004，180.

[4] 马塞尔·莫斯. 礼物[M]. 汲喆译，上海：上海人民出版社，2002，63.

[5] 马克思. 马克思恩格斯全集[M].（第30卷），北京：人民出版社，2003，273.

[6] 马克思. 马克思恩格斯文集[M].（第7卷），北京：人民出版社，2009，272.

[7] 马克思. 马克思恩格斯文集[M].（第5卷），北京：人民出版社，2009.

[8] 阿尔文·托夫勒. 财富的革命[M]. 吴文忠、刘微译，北京：中信出版社，2006.

[9] 杰里米·里夫金. 零边际成本社会[M]. 赛迪研究院专家组译，北京：中信出版社，2014.

[10] 林品. 同人文化为什么重要？[OL]，海螺社区，http://mini.eastday.com/a/200315215627443.
html.2020-4-5

[11] 阿兰·布洛萨、汤明洁. 福柯的异托邦哲学及其问题[J]. 清华大学学报（哲学社会科学
版），2016，31（5）：155-162.

人类的复杂性及其程序化的限度： 兼评"人类终结论"与"竞速统治论"

秦子忠

人工智能迅猛发展引致的潜在威胁，已然成为21世纪社科领域的热门议题。最近，王志强在政治哲学上确认了超人工智能将终结人类政治，并且引起了学界关注。吴冠军从新人类纪视角予以驳斥，并重申其近期提出的以竞速统治为驱动力的行为元网络理论。然而，无论是人类终结论还是竞速统治论，都是建立在对科技发展的过高估计与对人类发展的过低估计所构成的巨大反差之上。这类论断无助于人们客观地看待科技的发展，也无助于人们客观地看待自身的发展。破除这类论断所编织的扭曲图景，仅仅对人工智能进行祛魅是不够的，还需要确信人类的复杂性。在本文中，笔者在评述王志强的人类终结论和吴冠军的竞速统治论基础上，追认人类的复杂性，探析其程序化的限度，并展示人类能力发展的可能空间。

一、人类终结论：草率的断言

人类已经进入了人工智能介入性干预的时代，更一般地说，人类早已经进入被其所造工具塑造的时代。现在与过去，有何不同？在过去，人工取火的发明与使用，改变了人类的肠胃、身体构造乃至生理机能；[1]印刷术的发明与使用，改变了人类的思维、认知结构乃至共同体想象。[2]与人工取火、印刷术不同，当前发明的人工智能，因其内置的能动性乃至可能会有的自主性，而成为一种行为主体，可能改变人类的行为、机能乃至社会结构。这是人工智能区别于以往技术发明的主要差异。

放大以上差异而产生的不确定性，是王志强关于人工智能的政治哲学批判的基础。如果以往技术革命没有真正改变人类传统政治秩序，而当前崛起的人工智能可能彻底改变这种秩序，那么人工智能充分发展后各种可设想的预期无论悲观与否，都意味着巨大的新变量注入人类传统政治秩序之中。由此，王志强的政治哲学批判叙事首先撬动柏拉图等人在回答"政治何以可能、是什么、应当如何"上的理论资源，提取出传统政治的基本图式——以群居、相互承认、暴力为前提，以资源乃至权力的分配为内容，以效率原则、公正原则、权利原则为价值；其次以该图式作为参照系，逐次推演和考察其所谓的"有限自主性的强人工智能""纯知性的强人工智能"和"有目的的超人工智能"作为新变量时，分别对人类传统政治可能的影响；最后得出结论："有目的的超人工智能，它对人类来说一定是政治性的，它也将在不同意义上终结政治。"[3]

这确实是脑洞大开的叙事，但加以考察，我们便会发现王志强关于"有限自主性的强人工智能"和"纯知性的强人工智能"的推演尚且有几分现实主义的政治哲学批判，至于"有目的的超人工智能"的推演则完全脱离了现实科技而漂浮成了未来主义叙事。在这个叙事中，王志强一方面设定人类的能力一成不变，另一方面设定人工智能的能力以指数级增长，如此后者势必远超前者，乃至成为传统政治秩序的新主人。但是，这种叙事图式是有缺陷的。说明如下：

首先，在探讨人类与人工智能的政治关系中，这种叙事图式不合理地忽视了人类在人工智能发展进程中的介入性干预。他认为人工智能虽然有着许多不足，但是人类同样有许多不足，因此人工智能只需要跑得比人类快，就能替代人类，这个观念也是可疑的。合理的分析前提应是人类与人工智能同步发展，或更弱些，人类具有足够适应性。这个适应性一方面是对人工智能发展的介入性干预，另一方面是人类借助人工智能的发展来实现自身的发展。其次，这种叙事图式即便能够以人类政治来映射出有目的的超人工智能的政治图景，也只不过是以人工智能替换了人类角色，重演一遍"霍布斯世界"。由此，在这个政治图景中存在着巨大的解释张力：智能水平以指数级超越人类的超人工智能主体，为何依然沿用人类的传统政治秩序，而不是像超越人类自身一样超越其政治秩序呢？最后，"王志强混淆了智能（完成复杂目标的能力）与意图（对于欲望的感受，并以此为目的设定目标）"。[4]从智能到意图需要跨越很多个环节，但这些环节被遮蔽了。以目前人类的知识水平尚不足以确定人工智能能否创造或发展出意识。[5]对这些环节或可能性的忽视，致使王志强的叙事图式具有明显的未来主义特征。

　　然而，未来主义叙事只是王志强叙事的表面问题，深层问题是他搁置了"有目的的超人工智能"何以可能的事实性根据。在无目的的强人工智能与有目的的超人工智能之间有一个巨大的断层，而王志强的人类终结论就建立在这个断层被遮蔽的基础之上。政治哲学与未来学的一个主要区别是，前者注重现实的可能性，并且以此作为叙事边界，而后者则无需考虑现实的可能性，叙事边界是想象的可能性。相应地，政治哲学聚焦现实可能性的合意性，凭借论证推理能力；未来学聚焦发展趋势的演绎性，凭借预测洞察能力。据此而言，王志强的人类终结论与其说是政治哲学批判的结果，不如说是未来学构想的结果。

二、竞速统治：谁更快？

　　吴冠军既不满意王志强关于人工智能的未来主义叙事，也不满意该叙事中的对抗性分析，因而做了些简评后，便直接转入竞速统治模型。在他的后人类主义视域中有两个关键性范畴，即"行动元网络"（actor-network）世界和"竞速统治"（dromocracy）；在这两者构成的聚合性世界中，人工智能作为行动元，与作为另一个行动元的人类并列于竞速统治的进程中。

从能动性维度将人工智能与人类并列为两个行动元的观念极具吸引力。但是，这个能动性并不等同于自主性。为了清晰起见，让我们在自主行为和能动行为之间做出区分。自主行为是指能够独自形成、修改乃至追求自身目的的自觉行为，能动行为是指能够独立完成程序设定的任务的自发行为。从功能上看来，自主行为和能动行为都是完成目标的行为，但是前者有内在驱动力和多维选择空间，而后者是受外力驱动的，需要他者事先设定好任务清单（目标指令）以及执行任务（指令）的一套编程。从性质上来看，有无自我意识、有无自身目的是区分自主行为和能动行为的两个关键维度。由此，人工智能能否、如何由能动性过渡到自主性？这是人工智能领域的重大问题，也是吴冠军与王志强争论的核心问题，却被有意无意地遮蔽了。聚焦这个问题，我们会发现，吴冠军与王志强完全可能是同路人。因为依据竞速统治模型，如果人工智能总是超越人类，那么后人类主义的未来社会就是人类终结论所展示的通用人工智能统治人类的社会。

腾讯等企业具有输入—反馈功能的客服APP，都可视为能动性专用人工智能。这些能动性专用人工智能推送各类信息，人点击、阅读、反馈信息，在此过程中，人机交互，也塑造了对方的认知方式乃至行为方式。然而，这种干预是外在的、专一性的和工具性的，因此远未达到人类与人工智能竞速发展的政治局面——除非科幻式地叙事。事实上人类早在两千多年前就已经发明了计时器，春耕秋收、婚丧嫁娶等事务，均依据计时器来处理。在这个过程中，计时器因其原理而具备的能动性，也对人类行为生活有了一定的干预，但我们不会将这视为人机的政治竞争。也许有人反驳说，这个论据不恰当，计时器不能与当今的人工智能相提并论。那么，计时器与人工智能在对人类的影响上有何不同？大致有两种回答。

第一种回答是，人工智能的能动性能够演化出自主性，而计时器不能。

对于这种回答，笔者的反驳是："能够演化出"目前来看只是一种预测，因此能动性能否、如何演化出自主性，仍然只是未来学的问题。王志强的人类终结论的逻辑分析在形式上类似第一种回答，因此也需要面对这里提出的反驳。第二种回答是，人工智能的能动性更加深入了，远非计时器所能及。对于这种回答，笔者的反驳是：只要能动性没有突变为基于内在驱动的自主性，那么人工智能与计时器就只是程度不同，本质上并无差别。的确，人工智能已经无所不在地融入人类生活的方方面面，但这只是人类能力的延伸，不是也不会发展成为人机的政治竞争。因此当吴冠军声称人工智能已经使人类政治转型以及人类作为行动元的介入能力已经无可避免地被迅速边缘化时，他也承认缺乏充分的事实根据。

在笔者看来，真正要担心的不是人工智能，而是使用人工智能的人，以及目前生产和运用人工智能的资本主义体系。人性是复杂的。从历史来看，人性中的善良天使在变强，如平克所言，人类的暴力呈下降趋势，[6]但是人性中的魔鬼并不会因此而完全消失。未来可能不是有目的的超人工智能灭绝人类成为地球的新主宰，而是部分人想成为整个人类的主宰而开发运用杀戮性人工智能，将人类推到毁灭性的战争边界。资本主义体系的趋利性，让它允许生产迎合人类需求的任何类型的人工智能。即便是明令禁止，高额利润也会推动人们的冒险行为。从吴冠军叙述的"行动元网络世界"来看，他似乎认可这个人机交互的世界。但是这个世界尚且在形成之中，因此难以判断它的好或者坏。不过既然是竞速统治，就会有谁快谁慢的问题。如果人工智能更快，那么这个世界会不会走向王志强所陈述的人类终结景象？在这一点上，吴冠军明确说不会，但他的分析逻辑却允许他达到人类终结论。[7]

三、人类的复杂性：人工智能发展的限度

以上分析表明，王志强和吴冠军都强调人工智能的介入对人类政治秩序的影响，而忽视了人类的干预对人工智能发展的影响。以下笔者将阐释人类

的复杂性及其不可超越的原因。依据前文对能动行为与自主行为的区分，我们将人工智能发展细分为四个阶段，如下表：

表1 人工智能的四个阶段

	能动性	自主性
专用人工智能	能动性专用人工智能	自主性专用人工智能
通用人工智能	能动性通用人工智能	自主性通用人工智能

能动性专用人工智能已经取得了长足发展，如战胜围棋大师李世石的阿尔法狗等；能动性通用人工智能则仍然处在研发试用阶段，如能够处理多重任务的服务机器人等；而涉及思考、自主选择等类似人类能力的自主性专用人工智能，现实可能性仍然极小，因而这类人工智能目前只能投射在科幻电影如《西部世界》中最后觉醒了的机器人接待员身上。相比之下，具有类人自由意志、情感，能处理多重任务的自主性通用人工智能就更为遥远了。[8]

从原理来看，人工智能现在都是按照事先设定的一套编程工作。这套编程允许人工智能基于大数据背景下的相关性，进行相应的配合性推理。这里，"配合性推理"的前提和结论，都是存储于大数据中的人类经验，因此人工智能的"推理过程"虽然类似但并非人类的归纳推理。归纳推理，蕴含从已知推出未知。并且，人类能够基于整体性进行综合判断，而专用人工智能目前只是基于单一形式系统进行判断；前者能够调用归纳推理、演绎推理等多种推理来提升判断能力，而后者的判断能力已经事先被其编程系统中的逻辑规则所限定。因此，在涉及多维度的复杂性问题上，专用人工智能是无能无力的。例如下一届美国总统是谁？面对这样的问题，人工智能尚不能回答。但是人类个体可以根据其已有知识，考察现有候选人的履历、美国政治情势等，由此推断某某是下一届总统。当然，推断有可能出错，但是这个推断所基于的整体性考虑，是目前专用人工智能不可能具备的。[9]

为了更深入说明这一点，我们推进一下上面的论述。假设我们可以开发出预测未来美国总统的人工智能，它以美国历届总统候选人、美国政治情势、民意调查、当选总统等已知信息为数据库，基于深度学习算法，它会根据现在进行竞选的总统候选人等相关信息来预测下一届美国总统是谁。在预测的准确性上，这一人工智能完全可能高于相关专业人士，但是它依然不具有基于整体性进行综合判断的能力，它只不过是把人预测美国总统这件具体事情的综合判断进行程序化而已。因为综合判断能力的运用的程序化不等于综合判断能力本身，前者只是后者的一种工具性应用，因此，这一人工智能即便预测准确率高，但是它依然不了解预测的原因，也不了解预测的目的，它只是预测算法的一种产物。

就当下被看好的自动驾驶汽车来看，基于深度学习算法，它可以从大数据中不断地学习，独立判断和决策，不需要程序员像以前那样做出新的分步指令。看起来自动驾驶汽车具备了自主行为能力，但是它依然依赖于程序员设定的学习规则，并且即便在理论上它能够打破这些规则，也不意味着实践上同样如此，更不能将之直接等同于自主性通用人工智能。这不仅因为从能动行为到自主行为需要跨越巨大的鸿沟，也因为深度学习算法目前只是很好地处理监督学习问题（它尚不能处理好无监督学习问题）。尽管如此，它仍然无法处理一些较复杂的任务。"比如不能被描述为将一个向量与另一个相关联的任务，或者对于一个人来说足够困难并需要时间思考和反复琢磨才能完成的任务，现在仍然超出了深度学习的能力范围。"[10]

据此而言，王志强的未来主义叙事无视以上区分所捕捉到的从能动性人工智能到自主性人工智能之间的现实断裂，并将其人类终结论直接建立在自主性专用或通用人工智能的现实可能性上。与此不同，吴冠军明确指认了在通用人工智能与专用人工智能之间存在着巨大的裂口，并且表明已经进入我们当下生活的人工智能全部是专用人工智能。[4]这个事实性指认很好地驳斥了王志强的未来主义叙事，但是同时否定了自主性专用或通用人工智能的现实可能性。由此，吴冠军的竞速统治分析框架遮蔽了以下问题：（1）能够处理多个领域业务的通用人工智能会不会出现？（2）通用人工智能的每项业务能力会不会都强于正常人类个体？关于（1），答案是肯定的。因为通用人智能已被开发出来，只是它的综合能力尚且很低。关于（2），如果以下的复杂性推理是正确的，那么答案就是否定的。

人类的复杂性，根源于但不限于以感性、知性、理性、信念、灵感等为要素的认知系统，和以主体、客体、目的、手段、协作等为要素的实践系统，其核心内涵就是这两个系统及其关系。人类的复杂性表现为人性的多样性、流变性与可塑性，并且与以人类意向性为基础形成的维持人类共生的秩序系统、价值系统乃至文化系统的异质性相关。

人类的复杂性是生物界极其漫长的演化积累的结果。从无机物到有机物，再到发展出成千上万亿的生命体，生物经历了数十亿年的演化。生物从低级到高级，从无意识到有意识，又经历数亿年的演进。人类作为高级生物的一支，从古猿到智人，再到现代人类，也经历数百万年的演化。这种演化而来的复杂性是不可逆的，因此不可能完全以物理学意义上的机械主义或者计算机意义上的程序主义来还原。霍布斯在《利维坦》中借助机械论来理解人类及其社会，就是这类还原主义的一种典型运用。这种还原主义严重简化了人类的复杂性，因而其相关论断极具误导性。然而，当前学者不但没有充分反思这种还原主义，反而陷入由这种还原主义催生的人工智能图景中，从而低估甚至消解了人类的复杂性。人工智能作为一种形式系统存在，它的程序代码都只是在某个或几个维度逼近人类的相关方面，而非整体性逼近。这个复杂性构成了制约人性程序化的产物——人工智能发展的边界，由此可以推出互证的两个方面：

1.人类因为人类经由数百万年实践积累起来的复杂性而不能被超越，但也由于这个复杂性的干预而不能在某个领域胜于专用人工智能。

2.人工智能因为人工智能经由形式系统施予的单一性而不能被超越，但也由于这个单一性的限制而不能在多个领域胜于人类。

关于复杂性推理，可以从不同角度提供相应的具体论证。比如可以依据莱布尼茨的充足理由律提供具体论证，即通过列举事实——阿尔法狗战胜李世石、阿尔法狗仅仅在围棋方面战胜李世石、现在没有在所有领域超越人类个体的人工智能主体，等等。这些事实在经验层面既强化了方面1也强化了方面2。这里，笔者提供的是三段式论证。这个论证由论证1和论证2叠加来完成，如下：

论证1：

大前提1：人类的复杂性是不可能完全程序化的。

小前提1：人工智能只是人类复杂性中可以程序化的部分。

推论1：人工智能的复杂性小于人类的复杂性。

论证2：

大前提2：主体的复杂性越高，主体的综合能力越强。

小前提2：人工智能主体的复杂性小于人类主体的复杂性。

推论2：人类主体的综合能力高于人工智能主体的综合能力。

关于这两个论证有几点补充性说明。首先，上面论证中的大前提1、2的合理性是基于目前直观经验得到的事实，以及基于直观，对未来同样如此的确信。这种直观和确信，就像我们对欧几里得公理"过两点有且只有一条直线"的直观与确信一样。其次，论证1和论证2的联系，是由于推论1等同于小前提2。因此，如果推论1是正确的，那么小前提2就是正确的。因为大小前提2是正确的（基于直观和确信做出的判断），所以推论2也是正确的。

这里容易引起歧义的是如何理解论证2中的主体同一性问题。因为目前的人工智能主体不能与人类主体等量齐观。这是前文区分能动行为与自主行为的一个事实性根据。但是作为一个正处在发展中的事物，人工智能主体确实具有发展成为人类主体的现实可能性。因此在论证策略上，如果把人工智能主体发展可能达到的最高程度即和人类主体处在同一类（比如都具有自主性行为）作为论证的前提，由此得出的结论，也就涵括了以发展程度更低的人工智能作为论证的前提所得出的结论。所以，就大前提2中的"主体"而言，它所指代的是人类主体，和与人类主体在有效定义上具有同一性的人工智能主体。那么，为什么不能假设人工智能主体发展可能达到的最高程度高于人类呢？答案是不能，除非论证1被证伪。简言之，人工智能主体是对人类主体的模仿，而人类的复杂性不可能完全程序化，决定了人工智能以程序代码为载体的复杂性低于人类。

最后，从趋势来看，通用人工智能是由单一到复杂，由此而来的混合性或兼容性，使得它介于上面推理的方面2与方面1之间，从而它的复杂性落在推论1之内。从技术来看，形式系统的单一性越强，它的专用能力越强。因此当通用人工智能试图具有与人类相当的综合能力时，它需要让其形式系统具有对其他形式系统的开放性或者内置多个可兼容的形式系统，但不论是哪种方式，复杂性的介入都使得通用人工智能在单一性上的业务能力降低，至少低于相应的专用人工智能。即便通用人工智能能同时在某几个领域达到人类个体的一般业务能力（笔者对此仍持怀疑态度），人类仍然有优势，因为能够利用各种类型的能动性专用人工智能来延伸自己的能力。简言之，如果以上的复杂性推理是正确的，那么从能动性专用人工智能到能动性通用人工智能的过渡即便是可能的，后者的综合能力也不会高于人类。

在若干个可区分的领域，每个领域的专用人工智能都完胜相应的人类专家，但是现在乃至将来，专用人工智能不可能在其适用的领域之外，也做得比任何专家都好。换言之，即便是已经在某个领域专业化的人类个体，仍然能够做好许多非其擅长领域的事务。人工智能本质上就是一个计算机程序，而后者就是一个形式系统。"哥德尔说没有一个足够强有力的形式系统会在下述意义上是完备的：能够把每一个真陈述都作为定理而重现在该系统中。"[11] 这点意味着人工智能不仅只能在给定的极有限的（若非唯一一个的话）形式系统内思考，而且既无法理解也无法克服形式系统自身的局限性。理解乃至克服这种局限性的一种可能途径是，人工智能同时兼容多个形式系统。但是，当其兼容的系统数量接近人类时，它自身的能力也就不那么强了。从哥德尔不完全性定理上讲，任何足够强有力的形式系统，由于其能力更强，所以是不完全的。[11] 与此不同，人类可以在多个形式系统来回切换进行思考，因此人类既能够理解某个形式系统的局限性，也能够借助其他形式系统来克服这种局限性。人类跨越认知系统、实践系统、秩序系统和文化系统等多个系统的综合能力，是人工智能主体所难以超越的。

人工智能在某个领域越发展，它就越丧失其他可能的功能，越不可能成为通用人工智能。反过来，作为一套形式代码系统，人工智能越是完备，它的形式系统的边界、特征越明显，就越不能从系统外部获取资源。但是与"电脑"相比，人脑可以兼容多个形式系统，并且能够迅速切换。

如果某个领域的形式系统与其他领域的形式系统融合起来，情况会怎么样？这种融合是可能的，但是融合的形式系统数量越多，其复杂性越高，它在专门领域的专业能力就越差。在这个意义上，通用人工智能要想赶上已经演化了数十万年的人类，即便是可能的，也还有极其漫长的路要走。如果真的赶上了，那也不是王志强所谓的人类沦为宠物角色的人类终结论。因为能动性人工智能即便可能过渡为自主性人工智能，其中也植入了人性的复杂性，同样受到复杂性推理的限制，从而它的综合能力也不会高于人类。但这种未来主义叙事就此打住。

四、结语

经由前文讨论，人工智能政治哲学的聚焦点应当是：人类能否对人工智能的发展施加有效干预？随着聚焦点的转移，造成威胁不再是人工智能纯粹的自我更新换代，而是人类对人工智能的不正当使用。在这个问题上，福山诉诸政治解决方案，即由民主选举的代表来执行"掌控技术发展的进度与范围的权力"。[12]但是福山的方案低估了资本对民主制度的渗透与扭曲。与福山不同，赫拉利注意到人类天生的贪婪，也注意到人类缺乏提升自己的意识，因此他的方案诉诸人类意识的提升。[5]与两者不同，韩水法倡导"人工智能时代的人文主义精神就是持续地促进并在可能的情况下筹划人的发展和进化"。[13]但停留于这种人文主义精神是不够的。在人工智能介入人类生活的前提下，人类意识或能力的提升需要研究人类的复杂性及其可程序化的限度，也需要研究社会秩序的历史变迁及其背后的文化脉络，以此获得自我训练之资。在这个意义上，人类的发展不仅是认知能力的发展，也是感性能力的发展，由此那些不可程序化的激情、顿悟、灵感等人类特有的情感因素将成为人工智能时代的稀缺资源——它们不仅构成人工智能等新技术进步的制约性条件，也构成了人类复杂性的不可或缺的一部分。

参考文献

[1] 尤瓦尔·赫拉利. 人类简史：从动物到上帝（新版）[M]. 林俊宏译，北京：中信出版社，2017，20-22.

[2] 本尼迪克特·安德森. 想象的共同体：民族主义的起源与散布[M]. 吴叡人译，上海：上海人民出版社，2016，44-45.

[3] 王志强. 关于人工智能的政治哲学批判[J]. 自然辩证法通讯，2019，41（6）：92-98.

[4] 吴冠军. 告别"对抗性模型"：关于人工智能的后人类主义思考[J]. 江海学刊，2020，（1）：128-135.

[5] 尤瓦尔·赫拉利. 今日简史：人类命运大议题[M]. 林俊宏译，北京：中信出版社，2018，65.

[6] 斯蒂芬·平克. 人性中的善良天使：暴力为什么减少[M]. 安雯译，北京：中信出版社，2019.

[7] 吴冠军. 速度与智能：人工智能时代的三重哲学反思[J]. 山东社会科学，2019，（6）：15-20.

[8] 腾讯研究院. 人工智能[M]. 北京：中国人民大学出版社，2017，10-20.

[9] 皮埃罗·斯加鲁菲、牛金霞、闫景立. 人类2.0[M]. 北京：中信出版社，2016，39-59.

[10] 伊恩·古德费洛. 深度学习[M]. 赵申剑译、张志华校，北京：人民邮电出版社，2017，254.

[11] 侯世达. 哥德尔、艾舍尔、巴赫：集异璧之大成[M]. 本书翻译组，北京：商务印书馆，2019，115-136.

[12] 弗朗西斯·福山. 我们的后人类未来：生物技术革命的后果[M]. 黄立志译，桂林：广西师范大学出版社，2018，184.

[13] 韩水法. 人工智能时代的人文主义[J]. 中国社会科学，2019，（6）：25-44.

论人工智能的政治哲学反思窘境

葛四友

　　自20世纪五六十年代人工智能概念被提出以来，经过几个起落，人工智能已经成了绕不过去的一个热门话题。王志强教授对此现象做了如下描述："作为21世纪至今最重要的技术话题之一，人工智能受到持续性的世界关注，不但汇集了计算机科学、信息技术、脑神经科学、心理学、逻辑学、语言学、心灵哲学、伦理学等多学科的讨论，更溢出学科建制之外成为热门公共话题甚至是国家战略层面的问题。"[1]而吴冠军教授的感受更为强烈，"从2016年'阿尔法狗'以4比1击败世界顶级围棋棋手李世石，并随后一路连胜（并且完胜）所有顶尖人类棋手开始，'人工智能'迅速从一个技术领域的专业论题，变身成为引爆媒体的公共话题。随着学术界各个学科领域（从法学、伦理学、经济学、教育学、军事学到认识论、心灵哲学……）研究的跟进，时至今日，它已不只是一个'热词'，而且正在成为定义这个时代的一个'关键词'"。[2]

　　然而，形成鲜明对照的是，在政治哲学界人工智能没有引起多大的涟漪，有关人工智能的政治哲学反思是少之又少。在中文学界，现在也不过是吴冠军和王志强教授的三篇文章。从国际学界看，无论是在专业杂志还是大众网络，以"政治哲学"和"人工智能"作为关键词搜索，回响也非常之少。与其他领域的热闹景象相比，我们对人工智能的政治哲学反思似乎处于某种窘境之中。本文试图从政治的环境理解入手，考察对三种类型人工智能开展政治哲学思考的可能性，然后试图表明这种窘境的缘由在于政治环境的特点以及人工智能还未真正参与人类生活。

一、政治环境

人工智能对于政治哲学可能产生以下几个方面的影响：一个是人工智能只是改变政治哲学的应用，也就是说已有的理论是可以解决问题的，只是要应用于人工智能这种新环境而已；另一个则是人工智能的发展超越了当前的政治哲学理论，由此在某种意义上把当今的政治哲学理论变成中阶理论，只适用于当今的各种政治条件，从而人工智能的发展促使我们进行更深入的研究，寻找更根本的政治哲学原理；第三个则是人工智能的发展会取消政治出现的条件，从而也就取消政治哲学，无法对之做出政治哲学的反思。王志强教授非常敏锐地意识到这一点，其对"政治何以可能"的强调，也是在考察人工智能产生的影响可能是不同类型的。王教授的分析是从人类群居这个必要条件出发，考虑了协作的必要性与可能性。[1], p.93 不过，还可以进一步扩展和补充其分析，使我们对政治环境的认识更加明确。

为了此目的，我们将从"正义的环境"开始。休谟的论说比较适合作为讨论的起点，他把正义的环境分为正义的主观环境与客观环境。在休谟看来，现实世界的正义起源于有关正义环境的两个事实：一是主观环境中人的自私动机，或说人的仁爱是不足的；二是客观环境中资源不是富足的，而是适度的稀缺。[3] 正义的这种环境论说得到了广泛认同，罗尔斯（John Rawls）在《正义论》中几乎完全采纳休谟的这一论说。[4] 按照休谟的看法，只要物质不稀缺或者人是全善的，那么我们就是不需要正义的。不过，葛四友在此基础上提出了另一种看法，他认为物质的稀缺与否才能决定我们是否需要正义，而人类的动机主要是决定正义是否可能，而且即使它能够影响正义是否必要，那也是间接的，必须通过影响资源稀缺度。[5]

在某种意义上，这两种看法实际上代表了正义的两类德性：政治的德性与道德的德性。如果我们把正义看作政治性的，那么休谟和罗尔斯的看法就是正确的。但是，如果我们把正义看作纯粹道德性的，那么葛四友的看法就是正确的。也就是说，如果所有人都是全善的，那么作为政治德性的正义就消失了，但我们还可以拥有一种道德性的正义：我们对各种物质的分配依然可以是正义或不正义的。这里的区分实际上预设了某种"政治环境"的论说，也就是王志强教授谈到的政治何以可能。[1], p.93这里的预设是：如果所有人都是全善的，那么政治就不复存在，由此作为政治德性的正义也就不再存在。

上面的讨论只是隐含了政治环境的一个条件，对政治环境明确的讨论则是基于对罗尔斯公平正义理论的批判。尽管罗尔斯的公平正义倡导的是现实主义的乌托邦，但还是有很多人认为罗尔斯的理论不够现实，过于理想，由此引发了政治现实主义的讨论，提出与"正义环境"相对的"政治环境"。艾尔金（Stephen L. Elkin）是这样描述的：这种环境是这样的一种事态，其中大量的人，（1）拥有的目标是不同的，可以引发严重的冲突；（2）他们有意使用政治权力促进其利益；（3）他们倾向于用政治权力压服其他人；（4）他们有时候用语言，有时候用行动显示他们重视利用法律来限制政治权力的使用，同时重视用政治权力来实现公共目标。[6]

我们可以看到，休谟的"正义环境"强调了合作是必要的，而艾尔金的"政治环境"则强调政治权力的一面。因此，政治环境的独特性在于我们对于政治权力的理解。这里我们可以从柏拉图的"哲学王"入手。哲学王涉及三个关键词：权力（power）、知识（内在善的知识与工具善的知识）和权威（authority）。权威既可以是来源于赤裸裸的权力，也可以是奠基于纯粹的知识，当然也可以两者兼有。在某种意义上，如果权威完全是源于权力，那么就并不涉及妥协与协商，由此也就不存在一般意义上的政治。如果权威完全源于知识，即所有人都是全善的，那么也不存在妥协与协商，因为一切都是按照道德规则来进行的。这也就是说，只有当权威的根基是由权力与知识共同确定的时候，才会产生政治权力。

就此而言，霍布斯提出了政治环境的关键：人们在某种意义上是平等的。但是，霍布斯这里谈的人的平等，既不是指人的智力是平等的，也不是指人的武力是平等的，而是指人的脆弱性是平等的，也就是人都是容易死掉的，人们的武力与智力差别无法改变这一点。[7]由此导致了现实权威的复杂性。一方面，人的智力与武力使人们有影响力上的差别，而人们很大程度上又是自利的，因此一定会利用自己在智力或武力方面的优势占别人的便宜，不会完全按照道理行动；但是另一方面，人们不可能完全不讲理，不可能利用自己的智力或武力的优势而随心所欲地对待其他人，因为所有人都是脆弱的，都有脆弱的时候，完全不讲道理会遭到报复。政治的环境正是基于这两个方面的妥协与协作，尽管也充满不确定性。综合上面的分析，我们可以得出现实政治环境的几个特征：第一，人们生活在一起更有益，从而合作是必要的；第二，人们的利益是有冲突的，人们不是全善的，因此单凭自愿无法解决合作问题；第三，人们都是脆弱的，单凭赤裸裸的武力也无法解决"合作"问题；第四，人们是理性的，也很大程度上是自利的，因此，我们既会承认智力与武力上的差别，也会承认人是同样脆弱的，因此彼此间可以做出一定的妥协，认可某类政治权力的权威，使得合作成为可能。

二、超级人工智能与人类的生死存亡

上面我们交待了政治环境的基本观点，接下来我们会分析人工智能的类型，以及我们如何从政治哲学角度对其进行反思。人工智能的历史并不是很长，从1956年到现在，还不到70年，尽管其本身还并未展现出相应的影响，但是其附属技术的发展却对人类产生了极大的影响，远远超出了人类初期的预计，这导致我们预估人工智能的发展速度会加快。但是严格来说，目前我们对人工智能的发展基本上还停留在可能性的猜测之中。由此，根据目标的不同，人们对人工智能也有不同的划分办法。梅剑华教授对人工智能类型做了一种概括："人工智能的一些基本概念，在传播过程中不免发生混淆。尤其是弱人工智能、强人工智能、通用人工智能和超级人工智能这四个概念之间的区别与联系"。[8]而王志强教授根据自己文章的主题，划分出了有限自主性的人工智能、纯知性的人工智能和有目的的强人工智能[1], pp.94-95。当然，因为讨论的目的不一样，在强调人工智能的某种可能特性时，也会得出不一样的分类。

出于讨论人工智能类型会带来何种反思这一目的，本文基于梅剑华与王志强两位教授的分类，把人工智能划分为三类。第一类是准自主的人工智能，即在某个方面可以模拟人类智能，这也是一般人对弱AI的理解，自我驾驶是这种智能的典型代表。第二类是自主人工智能，里面可以分出两个小类：（1）弱AI中的通用人工智能，它有着类似人类的理性思考与反应能力，但没有类似人类的情感系统；（2）强AI，既有人类的理性能力，也有类似人类的感情系统。第三类是超级人工智能，几乎在所有领域都有着超出人类的理性能力。这种超级人工智能可能是弱AI，没有类似人类的感情系统；也可以是强AI的一种，既有远超人类的理性能力，也有类似人类的感情系统。当然这个划分并不完全，中间还有很多类型，但对本文来说基本够用了。

目前对人工智能最活跃的反思，主要是担忧超级人工智能，害怕它会毁灭人类。[9]多年前上映的美国电影《黑客帝国》，只是此种担忧的一种显示。然而，在某种意义上，很难从政治哲学角度进行这种反思。因为超级人工智能的存在破坏了政治环境中极关键的一个条件，那就是霍布斯由脆弱性引出的人的平等；这个存在物有赤裸裸的绝对权力，没有任何力量可以制约它，因此就不再需要妥协与平衡，需要的只是服从或者毁灭。这也就是说，超级人工智能一旦产生，就会破坏政治环境，从而就不可能从政治哲学角度来反思。如果超级人工智能是全善的，那么它就是上帝；如果它是全坏的，那么它就是撒旦。

不过，值得注意的是，我们当下对于超级人工智能危险性的认知或者说担忧，似乎主要是将其设想成了撒旦。然而这种看法在某种意义上受到以下几种思维的影响，产生的判断可能有偏差。第一种思维我称之为"黄金扁担思维"。这种思维方式可以用一个简短的故事更清楚地解释。话说有个贫穷的樵夫，一辈子没有离开过贫穷的山村。他设想皇帝的生活，认为皇帝去砍柴时，用的扁担可能是黄金做的。出现这种思维的根本原因是，我们没有能力去设想某些事情。当我们设想超级人工智能的各种情况时，实际上还不如这个樵夫，因为樵夫的问题原则上是可以解决的，即通过改变生活环境获得更多认知。而对于超级人工智能，除非我们改变自己的基因，使大脑达到与之同样的水准，否则我们是没法用超级人工智能的思维去想问题的。这种思想试验是有限度的，我们没办法代替超级人工智能去思考问题，因为这种思想试验能够进行的前提是思想试验者的思维能力要极大提升，而当下的我们是无法做得到的。

由于"黄金扁担思维"的局限性，人类在真实设想超级人工智能带来的威胁时，很容易受到第二种思维的影响，也就是"种族假相思维"。人类设想超级人工智能使我们面临事关生死存亡的威胁，这很可能是缘于人类对自身特点的认识。其一，每个人都有生存本能，都怕死，会想尽一切办法维续自己的生存。其二，种族中心主义。我们把目前的人类中心主义、种族主义与民粹主义等思想杂合在一起，作为我们思考超级人工智能的底色，由此得出结论：超级人工智能也是寻求种群的，总是会想生产同类。非我族类，其心必异。其三，由人性推断，超级人工智能也是贪婪的，自私的，而且是欲壑难填的。其四，阿克顿勋爵所说的"权力导致腐败，绝对的权力导致绝对的腐败"，也是我们对超级人工智能的设想。有了这几个特征，超级人工智能很大程度上就会接近上帝的对立面：撒旦。这样的思维导致我们相信：超级人工智能诞生的那天，也就是潘多拉魔盒打开的那天，很可能就是人类生死受控于魔鬼的那一天。

除了前述两种思维外，我们实际上还陷入第三种思维误区，这就是"零和博弈思维"。当超级人工智能诞生的时候，我们总是以现有的资源状况估算超级人工智能的反应。虽然超级人工智能具有上述的人族特点，但是既然是超级智能，那么自然可以获得我们无法获得的许多知识，特别是能源的利用与开发和各种材料的制造。比如说，它可以大大扩展我们对太阳能的利用，带来许多我们现在无法想象的科学与技术的进步。考虑到这些因素，也许我们跟超级人工智能的冲突，远没有今天想象的那么严重。我们难以找到什么好的理由来表明超级人工智能一定想要奴役甚至是毁灭人类。

当然，我们不能否认这种风险的存在，关键问题在于概率有多大。首先，超级人工智能是否能够诞生，我们现在是不确定的；其次，即使超级人工智能真的能够诞生，我们也很难断定它对人类就是有恶意的；再次，即使随后我们的理解加深，能够确定超级人工智能可以诞生且它是坏的，我们也未必没有办法终止这个过程。由于有这些不确定性的存在，我认为超级智能毁灭人类的风险，既未必比独裁政权发动核战争毁灭人类的风险大，也未必比天外陨石撞击地球从而毁灭人类的风险大。因此，我对人工智能的发展，持谨慎的乐观态度，认为没有必要过于担心超级人工智能威胁人类的生存。

三、自主人工智能与道德主体的资格

现在我们来看第二种自主人工智能。这里涉及梅教授划分的 A 类通用智能和 B 类强 AI，两者的根本差别在于前者没有类似人类的情感系统。提出这两类 AI，主要是为了引发我们对道德主体资格的反思：什么样的人工智能可以拥有道德地位，什么样的人工智能可以拥有人类那样的道德地位？这里我们暂且借凯姆（Francis Kamm）对道德地位的定义：某物 X 拥有道德地位是因为 X 就其自身而言是道德上重要的，这相当于说，为了其自身的缘故对其做某些事情是允许的或不允许的。[10]这就迫使我们思考：拥有人的道德地位的关键因素是什么？要满足什么样的条件，某些事物才有资格成为人这样的道德主体？

按照目前的研究，我们一般会给出两个候选答案：第一个是感受性，指人类获得某些现象性经验的能力或感受质（qualia），例如感受痛苦与快乐的能力；第二个则是智性能力，即与更高阶智能相关联的能力，诸如自我意识和能够回应理由等。[11]我们先考虑动物的道德地位。非常明显，第一个条件在某种意义上能够使动物具有道德地位，成为道德客体，也就是说人们在行动中要把这些事物作为拥有内在价值的事物，不能够随意处置。但是另一方面，如果动物是因为感受性而获得道德地位的，那么感受性强弱是否可以成为获得不同道德地位的依据呢？这在某种程度上取决于动物的道德地位是否还有其他的基础。如果只有感受性这一点，那么一个自然的结论就是：动物会因为感受性不同而享有不同的道德地位，比如鱼和虾的道德地位就没有猫和狗那样高。接下来我们考虑人的道德地位，很显然，第一个条件使我们成为道德客体，第二个条件使我们成为道德行为者，简单来说，就是我们能够认识到道德理由，并且依据道德理由来行动。当然，至少在目前，我们认为人类享有平等的道德地位，罗尔斯等人也从范围属性对此给出了一定的证明，即人类在这两类能力上只要满足一个最低值，就是平等的[4], p.77。

　　如果人类的道德地位取决于这两者，那么我们就很难否认 B 类强 AI 享有人的道德地位。我们接下来问：通用人工智能，也就是弱 AI 的道德地位跟强 AI 相比又如何呢？两者的差别仅在于感受性。由此自然引出的问题是，感受性在道德地位中的重要性如何？如果感受性对于道德地位是必要的，那就意味着弱 AI 的道德地位甚至可能不如虾？这甚至不符合我们当下的道德直觉。那么弱 AI 的地位应该高过猫狗吗？无论答案是什么，我们似乎都无法避免道德地位的高低问题。不仅如此，还有许多未知的问题，比如价值体系是否与人类的感受性有着概念性关联。由此自然会出现这个问题：感受性是否只是决定我们是否道德客体的因素，而价值系统才是决定我们是道德主体的关键因素呢？这些问题只靠思辨很可能是无法解决的，可能需要等待这些 AI 产生以及参与我们的实践生活后，我们才能得到确切的答案。

　　假使这些问题都可以解决，至少强 AI 可以获得与人相同的道德地位。这一点一旦成立，就会影响我们今天对道德主体之道德地位（或者说拥有的道德权利）的认知。有了人类道德地位的人工智能可以生存多久，又可以生产多少人工智能？值得注意的是，我们在设想这些问题时，也会被迫反向思考当下社会已有的问题。这里至少有三个紧密相关的问题。

第一个是优生优育问题。由于"二战"希特勒的影响，"优生优育"往往与纳粹联系在一起，变得臭名昭著。然而关键是，问题究竟缘于优生优育这个理念本身，还是因为特定的实践方式？假设强AI出现后，可以进一步改进与优化，这时候是允许还是禁止这样的研究（包括由强AI自身进行这样的研究）呢？由此引发的问题是，我们是否可以在人类身上做同样的研究（比如说基因增强）呢？

第二个是计划生育问题。中国此前进行计划生育多年，近年出现的人口问题导致我们反思计划生育政策是否合适。同样值得问的一个问题是：即便迄今的计划生育政策都很糟糕，甚至惨无人道，这究竟是计划生育理念本身不人道，还是由于实行的政策与策略的问题？比如说，我们是否可以利用经济措施鼓励生育，或者抑制生育计划？因为一旦强AI出现，我们的资源依然不是无限供应的，那么是否应该限制这种强AI的生产数量，而且需要满足某些条件才允许生产？

第三个问题是养老与安乐死问题。假如强AI也有衰老问题，而且到后期无法赚到足够的钱来维持自己的存在，那么我们有责任为其"养老"吗？假如我们肯花资源维护，强AI可以存活非常长的时间，只是每隔五年维持费用就会翻倍，那么我们会如何应对这种情况呢？为了避免巨大的维护费用，是否从一开始就要禁止生产强AI？还是说到一定的时候就不再维护呢？这些问题显然迫使我们想到现在社会中的问题：首先是植物人的维护；其次是安乐死；再次是那些不是植物人，有简单意识，但无法活动，需要庞大资源维护的人。

很显然，无论如何回答这些问题，都会关于当代人的政治权利与自由权利的思考产生深远影响。人工智能一旦参与实际生活，就很可能对当今社会中的道德直觉造成强烈的冲击。这些都会导致我们反思现有的政治哲学理论，特别是现代社会的分配正义问题。

四、准自主人工智能与道德原则的层次

最后我们来考虑准自主人工智能的影响，在某种意义上这是最紧迫，也最有现实意义的。因为这种智能在当下可以说已经出现了，并且正在逐步用于或即将用于实际生活，所以这也是当下我们最应该、也最有可能做政治哲学反思的。与自主人工智能不同，准自主人工智能并不涉及改变道德主体的问题，而主要是极大地改变我们的生活环境，使得我们的生活发生极大变化，由此促成了许多新的可能性，让很多原来不适合规范考虑的问题进入我们的反思视野。这些新的可能性可能会对我们既有的理论产生影响，一是为现有的理论争论提供新的素材，二是迫使我们跳出现有的理论争论，使我们得以反思原来认为正确的伦理原则究竟是根本的原则，还是居间的应用性原则。[11], p.328

我们先从自我驾驶这种准自主人工智能出发，看看它对现有权利理论的根基可能带来什么冲击。在现有的伦理学体系中，有个著名的"电车难题"思想试验，用来探讨我们应该持有义务论还是后果论。然而，随着自我驾驶技术的出现，"电车难题"不再是思想试验了，而是进入了我们的真实生活。相对思想试验而言，现实参与的驾驶难题会有几个重大的变化：第一，这个决策不再是事发当时的瞬时决策，而可以是一种深思熟虑的决策；第二，这个决策不再是个人做出的，而是大众通过立法等形式委托设计师完成的，从而是一种集体决策或者说政治决策；第三，我们不再需要考虑违法问题；第四，我们不再需要顾虑允许个人"杀人"而产生的一系列精神成本以及其他副效应。

由于这些根本的变化，我们必须考虑我们在新情境下会相应地形成何种道德直觉，我们是否还会承认"杀死"和"听任死亡"有着内在的本质差别，是否还会坚信自我与他人之间的不对称性，会不会认为这些只是为了回应人

的动机与特点。当然，目前这些挑战还只是对观念造成影响，但是当自动驾驶等真正进入生活，就有可能改变我们的直觉，从而影响义务论与后果论等理论间的争论，改变我们今天的整个权利理论及其结构。

接着我们来看一般性的准自主人工智能所产生的广泛影响。我们知道，准自主人工智能主要是在单独某个方面有着远胜人类的效率，由此给生活与经济带来巨大的变化。吴冠军称之为"竞速"统治："我们都听到过那个著名笑话：当你和同伴碰到狮子，你不需要跑过狮子，你只需要跑过你的同伴。同样的，人工智能并不需要全面智能（成为通用人工智能），只需要在各个具体领域比该领域的从业者更智能，那就足以使人全面地变成该笑话里的那位'同伴'。"[2], p.132 吴冠军甚至认为，半自动的人工智能使得人类失业，然而美国等国家没有认识到这一点，反而认为这是移民潮惹的祸，由此导致了逆全球化浪潮。不仅如此，吴冠军还认为："在政治哲学的层面上，危险的是……专用人工智能已经开启'竞速统治'——在当代世界这个聚合性网络中，人类作为行动元的介入能力，无可避免地正在被迅速地边缘化"。[2], p.134

我尽管不是很赞同吴冠军对逆全球化浪潮的判断以及归因，但准自主人工智能确实对我们的生活产生了极大的影响。而且我赞同吴冠军的一个判断：这个影响可能是坏的，甚至现在就已经产生了一定的坏影响。但是我并不认为这是因为吴冠军强调的"竞速统治"，因为准自主人工智能不过是使市场竞争更激烈，变化更快，并没有造成真正的本质变化。不仅如此，基于两方面的理由，我更倾向于认为这个影响可以转变成好的。

第一个方面是历史发展的经验。按照吴冠军的说法，"竞速统治"已经出现过不止一次了。当人类首次发明小轿车时，轿夫很可能失业；当人类把轿车变成大卡车时，马车队慢慢消失；当汽车开始自动化生产时，不少组装工人随之失业。然而，经过长久的调整以及工人自身的争取，这些科技的出现最终于人们是有利的，尤其是对中下层阶级。[12] 一是因为这种技术的发展带来了更多其他需求，从其他方面提升了劳动需求；二是这种科技使效率提高，让人类逐渐从繁重的体力劳动以及无意义的重复劳动中解放出来。[8], p.8 第二个方面则是市场经济发展的内在规律。虽然市场经济竞争激烈，在个体层面甚至是你死我活的竞争，但是从整体看，市场经济要想顺利运转，就必须保证一定程度的共赢。因为只有逐渐使绝大多数人获利，提高收入，才能保证相应的消费能力，否则一定会导致生产过剩，破坏市场经济的正常运行。当然，准自主人工智能的出现要求市场经济逐渐适应更快的转变节奏，但无论具体过程如何，科技发展的好处必须慢慢地渗透下去，惠及绝大多数人，否则经济的运行就会不正常。

然而，我们也知道，这个过程不会自动到来，也不会轻易到来，需要人们努力争取。这就需要我们做出更多有关政治制度与经济制度的反思，而且很有可能需要重新思考边际效用价值论与劳动价值论等理论，重新思考我们市场经济过程中的分配原则，设计出新型的分配正义原则来应对准自主人工智能的影响。按照过往的经验，我们可以期望这种分配正义原则至少能让我们朝向类似这样的结果：科技效率的提高使得越来越多的人可以有更多的闲暇，每周工作时间越来越少，比如说周工作日变为4天，周工作时间少于30小时等。

五、结语

上面的分析试图表明，由于人工智能是一个与人如此不同的物种，因此它引起的政治哲学问题远比我们想象的复杂。最吸引眼球、最能引起人们反思的是超级人工智能，可恰恰在这个方面我们无法进行政治哲学反思，因为它会消灭政治中不可或缺的妥协与协商。而自主的人工智能最能引起我们对道德主体的反思，从而引发人工智能的道德地位与各种道德权利的反思。但是反过来，自主人工智能的出现也会促使我们反思当下人的道德地位与道德权利。然而，在自主人工智能真正进入人类生活之前，我们很难预料变化的方向：究竟是人工智能更符合人类现有标准才能获得道德地位，还是我们需要修改现有标准去适应人工智能。我们最有可能做出实质的政治哲学反思的是准自主人工智能，因为这种人工智能不会影响我们的道德主体，在很大程度上可以用现有政治理论解决其引发的问题。但是要知道影响的真实情况，依然有待准自主人工智能真正参与人类的现实政治生活之后。因此，谈论人工智能会如何进一步影响我们的政治实践，现在还有点言之过早。从整体上来看，政治哲学在人工智能方面难以发声、无法做出深入反思的窘境并非是偶然的，而是由人工智能本身的特性以及人工智能所处的发展的早期阶段所决定的。

参考文献

[1] 王志强. 关于人工智能的政治哲学批判[J]. 自然辩证法通讯，2019，41（6）：92-98.

[2] 吴冠军. 告别"对抗型模型"：关于人工智能的后人类主义思考[J]. 江海学刊，2020，（1）：128-135.

[3] Hume, D. *A Treatise of Human Nature* [M]. Oxford: Oxford University Press, 2000, 49.

[4] Rawls, J. *A Theory of Justice* [M]. Cambridge, M. A.: Harvard University Press, 1971, 127-128.

[5] 葛四友. 分配正义新论：人道与公平[M]. 北京：中国人民大学出版社，2019.

[6] Elkin, S. L. *Reconstructing the Commercial Republic:Constitutional Design After Madison* [M]. Chicago: University of Chicago Press, 2006, 254-255.

[7] 霍布斯. 利维坦[M]. 黎思复、黎廷弼译，北京：商务印书馆，1985.

[8] 梅剑华. 理解与理论：人工智能基础问题的悲观与乐观[J]. 自然辩证法通讯，2018，40（4）：1-8.

[9] Nick, B. *Superintelligence: Paths, Dangers, Strategies* [M]. Oxford: Oxford University Press, 2015.

[10] Francis, K. *Intricate Ethics: Rights, Responsibilities, and Permissible Harm* [M]. Oxford: Oxford University Press, 2007.

[11] Nick, B., Eliezer, Y 'The Ethics of Artificial Intelligence' [A], Keith, F., Ramsey, W. M. (Eds.) *The Cambridge Handbook of Artificial Intelligence* [C], Cambridge: Cambridge University Press, 2014, 316-334.

[12] 凡伯伦. 有闲阶级论[M]. 蔡受百译，北京：商务印书馆，1964.

专题四　人工智能的社会运用探索

人工智能革命与政府转型

岳楚炎

　　近年来，世界各主要国家相继投入大量资源来研发人工智能技术，人工智能技术进入迅猛发展的阶段，世界也即将迎来由人工智能技术引领的第四次科技革命。人类社会的每一次科技革命，都对社会结构造成冲击，继而影响世界政治格局的调整与转变。珍妮纺纱机的出现使得大量女工失业，蒸汽机的出现迫使大量有一技之长的工匠由中产沦为赤贫。而因蒸汽机的广泛应用产生的工厂制度，为工人阶级的诞生提供了温床。以马克思主义为代表的社会主义理论，也伴随着工人阶级的出现而产生。共产党在社会主义理论指导下将红色风暴席卷全球，推动世界政治格局的剧变。历史永远是现实的镜子，人工智能技术的迅速发展，也将在未来深刻推动政治体制的转变。

　　人工智能技术将深刻改变社会的生产方式与生产关系，社会现有的各种生产形式与阶层结构将被科技革命的浪潮洗牌。面对社会的剧烈变化，现有的政府职能与组织形式也将进入深刻变化的阶段。探讨人工智能对现代政府制度的冲击，将有利于我们前瞻性地做好应对技术革命的准备。相比前几次科技革命，人工智能技术最大的不同体现在两个方面，即全行业的替代劳动与人的普遍数据化。这两点将促使政府职能与组织形式往"小"和"大"两个方向调整与转变。

一、全行业的替代劳动与"小政府"

前几次科技革命对人类劳动方式的影响，更多地集中在把人从体力劳动中解放出来。而人工智能对人类劳动的替代是全行业范围的。人类的能力主要分为体力与智力，而智力具体可分为记忆、辨识、分析与创新。人工智能因为背靠大数据，几乎可以替代所有的记忆类和辨识类工作、大部分分析类工作。比如，超市收银员将被无人超市替代；图书管理员将随着智能图书系统的普及慢慢减少；华尔街交易中心引进智能的结算系统，大量基础的业务员被替代。基于经验习得的技术再熟练，也没有基于大数据的人工智能高效，会迅速被人工智能替代。而一些需要较高专业水平的职业，比如医生，也面临着智能医疗机器人的冲击。未来的医院里，可能只会有几位高水准全科医生与技术人员，基础的医疗智能机器人完全能够胜任。

面对人工智能在全行业的替代劳动，人类社会不可避免会出现大量失业的现象。人类社会接受新技术革命总有滞后性，许多已经从事工作多年的中年人，失业后很难通过再学习转型。英国工业革命过后，也出现过大量失业现象，此起彼伏的工人宪章运动困扰着英国政府的运行。最后英国通过殖民掠夺与倾销的方式，花了两代人的时间，才消化了大失业现象。随着人工智能技术的广泛应用，人类社会的失业现象将不再局限于体力劳动行业，而将出现全行业的替代劳动与失业。随着几乎所有体力劳动与大部分基础智能劳动被取代，人类能发挥价值的就只剩创造性劳动了。整个人类社会的劳动方式将会普遍脑力化，劳动者的专业化程度将会极大地加深，对社会成员个人素养的要求也将极大地提高。

李泽厚先生曾预言，教育是未来社会最重要的问题，教育学很可能在未来成为"核心学科"。在人工智能革命下，全行业的大失业与劳动方式的普遍脑力化，对未来政府职能转型提出新的要求，即承担大量的教育职责。因为人工智能革命冲击而失去工作的庞大人口，需要政府通过大量教育，将数量庞大的失业群体培养成适应新环境的劳动力。社会专业化要求极高，也促使政府将高等教育普及社会所有适龄群体。在人工智能革命的背景下，教育职能将是政府需要体现的重要功能。

人工智能对于人类社会是全行业的替换劳动，政府部门面对技术革命同样无法置身事外。伴随着人工智能逐渐融入政府工作的方方面面，未来政府将会向"小政府"方向发展。

首先，政府的机构和人员将大量裁减。人工智能能替代大量基于经验记忆的劳动，政府部门大多处理事务型工作，这些部门的工作人员将被更有效率的人工智能取代。比如政务大厅的办事人员与负责材料审核程序的审查部门。人们对传统政府相关部门在审批和手续办理等事务方面的工作一直存在不满，政府相关部门的执行效率与政务人员的服务态度也一直广受诟病。人工智能如果大量替代这些事务性工作，凭借大数据与强大的运算能力的支持，行政工作的效率将会极大地提高。同时，因为有机器在运作，人们甚至不用亲自跑到相关部门所在地办理业务，服务态度问题就更不存在了。一些危险性较大的工作也会由人工智能替代。比如，未来消防人员将不用亲身去冒险救火，而是操作智能机器人进入危险区域实施救援。未来的战争也会有所改变，大兵团作战将会成为历史。随着智能机器人的介入，未来战争很有可能以人工智能机器人执行、参谋部人员统筹安排结合的形式进行。军队未来会仅保留参谋人员、高技术人员和特种作战人员，大量军人和军事部门的裁撤将是未来的趋势。

其次，政府自由裁量权将会被削弱，寻租空间将会被极大地压缩。随着人工智能技术广泛应用于具体的政治运作中，许多需要人工来裁决判定的工作将由人工智能替代，许多政令与法律的执行将更加规范。比如，人工智能广泛应用于交通执法部门，不仅可以弥补交警执行时无法顾及的盲点，还能更有效率地判罚。以往能通过贿赂执法人员来逃脱惩罚的违章司机在人工智能交警面前将无处遁形。传统政府部门腐败高发的四个领域：政府采购、工程招标、行政审批与人事任免，在引进人工智能技术为辅助后，寻租空间也将被极大地压缩。比如政府采购完全可以由人工智能代劳，人工智能程序将会针对需求选择最优的采购方案，使得采购物有所值。这方面的应用就杜绝了采购人员腐败的空间。行政审批等也是如此，人工智能参与和规范政府执行程序，将极大地提高政府的廉洁程度。因为，无论是人类对自身的道德约束还是制度对拥有权力的人的制约，都无法有效制约公职人员的寻租空间，继而无法使政务的推行在效率与公正之间达到最佳平衡。优秀的人工智能应用于实际政务操作中，将极大地压缩权力的寻租空间，使权力的使用更加规范，建立更公正的制度。

最后，人工智能将和政府高级人员共同构成决策裁决体制。人工智能能基于大数据与高阶运算能力，对具体事务提出效率上的最优方案。将人工智能纳入决策程序，有利于提高政府决策水平，使政府决策更加科学高效。人工智能基于数据与既定程序运转，虽然在具体政务执行上会稍显死板，但一定程度上会保证政策的规范性和合理性。这有利于杜绝政府在施政过程中"拍脑门"制定政策的行为。人工智能本身就是一种程序，在进行裁决的过程中，相比人会更加客观中立。将人工智能的客观性与中立性纳入政府裁决体系，更有利于促进政府裁决与施政的公平公正。人工智能将会成为"智能的哲学王"，与政府的高阶人才形成互补，在二者配合下，政府的运行将会更加高效与公正。

伴随着人工智能参与政府执政的方方面面，政府的权力将被人工智能限制与分割。相对于传统政府，与人工智能有效互补的政府在权力运行上会更规范与公正。政府权力被压缩，未来政府将更多以服务型的"小政府"形式出现。

二、人的普遍数据化与世界联合组织的产生

"生物是算法。每种动物（包括智人）都是各种有机算法的集合，是数

百万年进化自然选择的结果。"在人工智能革命的背景下，所有客观存在的物体都能被数据化，成为大数据的组成部分。作为生物体本身，人也会被数据化。每一个人的各项指标，无论身体素质还是智力技巧，都能被人工智能数据化，从独立的个体转化为数据资源，成为数据库的组成部分。甚至人的独立意识，也能被人工智能数据化。人的需求与选择，都能经过人工智能分析，被精确地满足与引导。当人们认为自己在按照独立意志做出选择时，很有可能是受到人工智能的诱导。人类在通过人工智能技术使自身从劳动中解放出来时，同样被人工智能禁锢在大数据的枷锁中。

人的普遍数据化在应用于政治时会产生两个后果，即传统的代议制民主选举被人工智能左右，和拥有大数据能力的高科技巨头公司也有能力支配数据化的人类。

首先，人的普遍数据化将使现代民主选举能被人工智能所左右。在人工智能革命的背景下，每个人的偏好与习惯都能通过人工智能解析后数据化。当人普遍数据化后，人工智能可以根据大数据，精确地左右每个人的选择。小的方面，有的电商能根据客户消费习惯的大数据，针对同一样产品对不同人制定不同的定价，从而尽可能地榨取顾客剩余的利用价值。大的方面，人工智能能在民主选举过程中，通过分析所有数据化的人的选择偏好，精确地对不同的人投放不同的内容，从而将不同秉性的个人都导向相同的选择结果。比如，在2016年美国大选中，共和党候选人特朗普一直不被人看好，受到的资助与投放的广告都远远低于对手希拉里。在各主流媒体的宣传与民调里，特朗普的支持率也远远低于希拉里。然而最终的结果令大部分人感到意外，特朗普以选举人团票的优势当选总统。特朗普之所以在主流意见不看好的情况下黑马杀出，与他的团队成功把握住"沉默的大多数"有关。特朗普的团队里有人专门通过人工智能与大数据，分析研究互联网上多数网民关心与关注的问题。"沉默的大多数"的意见不被主流媒体关心，各路民调也不能准确表达这些群体的诉求。但是，特朗普团队通过大数据与人工智能，分析大部分"沉默"的选民浏览某些话题的时间以及点击某些问题的频率，得出这一数量庞大的群体真正想要听到的话。比如特朗普看似疯狂的在美墨边境建"长城"的言论，虽然被各路主流媒体无情嘲讽，却准确击中饱受非法移民治安困扰的普通民众的需求。特朗普的团队仅仅通过人工智能对大数据的运用，通过对社交媒体数据的分析，就能把握选民最准确的需求。如果放大到人被普遍数据化的环境下，所有人的需求与思维都会被人工智能分析与引导。有能力掌握人工智能技术与大数据资源的个人或群体将轻易左右社会大众的思维，引导大多数选民选出最有利于人工智能掌控者的选择。

"人类的政治结构可以理解成数据处理系统，民主制就是一种分散式的收集和分析信息的处理系统。"在人被普遍数据化的背景下，传统的代议制民主选举将很容易被拥有大数据与人工智能技术的个人或群体所左右。"传统的民主制正在逐渐失去控制，普通民众也认识到民主机制不再能够为他们带来权力。"现代民选政府面临人工智能技术的冲击，"民主制提不出有意义的未来愿景。"

其次，拥有大数据与人工智能技术的高科技巨头公司也将有权力支配被普遍数据化的人类。在人工智能革命的背景下，人的独立意志会深受人工智能与大数据的影响。而有能力同时占有人工智能技术与大数据资源的，除了政府的部分部门，就是那些高科技巨头公司。高科技巨头公司通过人工智能与大数据，小到针对客户习惯精确投放广告，大到能利用数据资源干涉选举等政治事务。政府的一些政务，也需要这些大公司支持才能顺利实施。高科技公司将比以往历史上出现的财团更深入地介入政府运转的方方面面。

从传统代议制民主选举被人工智能与大数据所左右，到拥有人工智能和大数据的科技巨头公司广泛参与政府执政的各个环节，我们不难得出结论：在人工智能的背景下，占有大量数据即是占有权力。相对传统政府，人工智能革命背景下的政府将不再是权力的唯一载体，拥有大数据分析能力的科技巨头公司与科研组织也有能力分享权力。同时，随着人工智能广泛应用下政府权力收缩并向"小政府"方向发展，世界的权力格局将呈现为网络化分散分布的。因为人工智能是针对全人类的一次科技革命，为了更好地推广技术，政府间的交流需要更加畅通与自由，国与国之间交流的壁垒需要消解。而网络化分散分布的权力格局需要在更高层次来统筹，从而更有效地统合运用权力。在这个背景下，传统国家的边界将会成为技术革命的阻碍。随着人工智能革命的推进，传统国家的边界将逐渐淡化，并最终消失。最终，世界出现类世界政府的政府组织形式来统筹网络化分散的权力。伴随人工智能革命，人类将走向世界大联合，形成世界联合组织。

三、智能寡头极权与全民议会

在人工智能革命的背景下形成的世界联合组织的权力建立在网络化分散的权力格局上，是一种"以全球资本、技术和服务三位一体为代表的系统化权力"。这种权力将超越政府和国家的边界权力，世界联合组织将成为真正的新政治主体。具体的组织形式将会有两种：一种是科技巨头与政府走向联合，形成智能寡头极权；一种是所有人都持股的巨型世界公司，形成配合智能系统共同管理世界的全民议会。

智能寡头极权，是指拥有大数据资源的政府和科技巨头公司走向联合，对世界实行事实上的专制统治。虽然在人工智能革命背景下，权力呈网络化分散分布，但有能力掌握大数据资源与人工智能技术的组织实体只是少数具有一定实力的国家的政府以及跨国科技巨头公司，在世界范围内并不多。政府与科技巨头联合在一起，通过执政党控股科技巨头或者科技巨头扶植政府代言人，很容易形成庞大的政经混合体。如果由这样庞大的政经混合体掌握世界政府，私人控股的科技托拉斯将直接统治世界。少数控制科技托拉斯的寡头们的个人意志将凌驾于全人类之上，他们构成的共同体将成为人类历史上最恐怖的"利维坦"。自由、民主等人类社会最优秀的文明成果将成为建立在沙滩上的城堡，彻底沦为粉饰太平的工具。

同时，人工智能应用于政治运行中，由于其强大的运算能力与深入生活方方面面的渗透能力，普通大众的个人隐私与信息安全将受到很大的挑战。

人工智能将轻易掌握所有人的信息，对世界展现出极强的控制力。普通民众将几乎无法反抗这一超级政经联合体。

资本天然有走向垄断的动力，目前各大科技巨头公司都是私人控股。在人工智能革命的背景下，这些科技公司更有可能在利益驱使下走向联合的极权。从人类社会未来发展来看，阻止智能寡头极权出现符合全人类的长远利益。

全民议会则是应对智能寡头极权而产生的另一种政府组织形式。在全民议会中，所有的社会成员都将拥有参政与选举的权力，统合各国政府与跨国公司的世界联合组织将成为所有人都能控股的巨型公司。世界上所有的经济体都被统一集中，然后统一划分为具体股权。每个人持有股权，每个人既是公司的员工为公司付出劳动，又享受股权带来的权力与分红。每位公民从出生开始即享有股权，成年后即可履行股权带来的权力与义务。股份不得转让与继承，犯罪者将被剥夺股份，由世界联合组织统一平均分配。全民议会所有成员都可以参政议政，履行自己选举的权力。

全民议会依然面临如何用合适的技术手段统合数量庞大的议员意见，以及如何杜绝多数人的暴政的问题。人工智能技术的发展为这一政体的实现提供了条件。

首先是技术上，全民参政的政府意味着需要统合数量庞大且纷繁复杂的议员意见。人工智能凭借其庞大的数据库与超强的运算能力，将能有效地反馈和整合巨大的信息量。全民参政在技术上成为可能。

其次是参政人的条件。随着人工智能革命的发展，人类的劳动方式将普遍脑力化。脑力化的劳动方式必然要求社会成员都接受高等教育并至少在某项领域成为专业化人才。在这一前提下，人类的素质将会极大地提高。全民议会的成员都是高素质人才，都是理性且具备较高智力水准的人，多数人的暴政出现的可能性将从源头被降到最低。

全民议会的运作将会是人工智能与议员们共同协作。人工智能在这里扮演全能的"哲学王"，为政府运转提供数据分析支持，同时起到规范施政者边界的作用，是世界联合组织避免施政走向极端、规避巨大风险的压舱石与稳定器。而议员的存在一方面是为了杜绝极权专制，另一方面是为了弥补人工智能在施政过程中思考与创新能力的不足，增加施政的灵活性。

　　当然，全民议会在制度设计上仍有许多待完善的地方。未来世界政府会以什么形式出现，还需要历史去验证。伴随人工智能的发展，政府在具体执政层面收缩权力与世界层面上扩大组织形式，将在未来逐步成为现实。现在的政府需要为这剧变时代的来临做好准备。

参考文献

[1] 杰瑞·卡普兰. 人工智能时代：人机共生下财富、工作与思维的大未来[M]. 李盼译，浙江：浙江人民出版社，2016年，36–38.

[2] 尤瓦尔·赫拉利. 未来简史：从智人到智神 [M]. 林俊宏译，北京：中信出版集团，2017年，345–358.

[3] 赵汀阳. 天下的当代性：世界秩序的实践与想象 [M]. 北京：中信出版集团，2016年，145–150.

人工智能心理学研究的知识图谱分析

刘鸿宇　彭　拾　王　珏

卡耐基梅隆大学教授纽厄尔（Allen Newell）与西蒙（Herbert A. Simon）早在1958年就明确指出：心理学是人类解决问题的行为基础，同时也是人工智能认知行为理论发展的根基。[1], p 152经过60多年的演进，人工智能认知科学的发展已进入新阶段，呈现出视觉感知、语音识别、深度学习、人机协同等新特征。有关人工智能的心理学研究内容也被明确写入国务院2017年颁布的35号文件《新一代人工智能发展规划》，融合互联网、大数据、神经网络、脑科学等新兴科技的人工智能心理与行为研究被提升至国家战略高度，能否在这个领域的突破决定着中国人工智能产业发展的成败。

面对人工智能心理学研究领域的蓬勃发展，如何获取该领域的知识脉络、核心理论与最新动态，成为学者关注的焦点。本文借助Citespace文献数据分析技术，对人工智能心理学研究领域的文献进行了科学系统的可视化分析，在图谱分析的基础上评述了人工智能心理学领域的核心理论、知识关联与热点动态，并对人工智能心理学在不同时期的研究特征进行了归纳。人工智能心理学知识图谱以全新的科学视角将近一个世纪人工智能认知科学的知识与进展呈现出来，并为人工智能心理学发展提供了可视化的数据信息。

一、人工智能心理学研究文献概况

1.人工智能心理学研究文献索引

研究文献数据取自Web of Science（WoS）数据库，检索主题词为"人工智能"（artificial intelligence OR AI）与"心理学"（psychology），文献类型为Article，时间段为1998—2017，跨度20年，索引源为Social Sciences Citation Index（SSCI），检索文献记录共计194篇。具体见表1。

表1　文献索引与数量

	文献索引	数量
检索式	TS=（artificial intelligence OR AI） AND TS=（psychology）	194
文献类型	Article	
索引源	SSCI	
时间跨度	1998—2017	

2.人工智能心理学研究文献时间分布

从时间分布来看，1998—2017年SSCI关于人工智能心理学研究的文献数量呈增长趋势，从2009年开始，相关研究文献明显增多，2017年达到最高值24篇，2009—2017年关于人工智能心理学研究的文献为118篇，占到了总量的60.82%，说明近十年来人工智能心理学研究进入快速发展阶段。

3.人工智能心理学研究文献地域与机构分布

从表2地域分布看，美国的人工智能心理学研究文献最多，高达76篇，占到总量的39.18%；其次是英国，数量达到27篇；随后是德国，14篇；紧跟其后的是西班牙、法国与荷兰，这6个国家的文献总和为148篇，占总文献量的76.28%。从表3文献的研究机构分布来看，排名第一的是英国伦敦大学，7篇；法国国家科学研究中心、蔚蓝海岸大学和英国华威大学各有5篇；

排名第五的是美国哈佛大学，4篇。由文献的地域分布可见，美国与西欧发达国家是人工智能心理学研究领域的引领者。

表2　人工智能心理学研究文献地域分布

排名	国家	数量
1	USA	76
2	England	27
3	Germany	14
4	Spain	11
5	France	10
6	Netherlands	10

表3　人工智能心理学研究文献研究机构分布

排名	研究机构	数量
1	University of London（英国）	7
2	Centre National De La Recherche Scientifique（法国）	5
3	Universite Cote D'Azur（法国）	5
4	University of Warwick（英国）	5
5	Harvard University（美国）	4

二、人工智能心理学图谱分析

科学知识图谱通过分析一段时间内特定领域的文献数据，全方位映射出该学科知识的网络关系。其研究功能具有"图"和"谱"的双重性质与特征：既是可视化的知识图形，又是序列化的知识谱系。[2], p.242本文借助知识图谱分析软件CitespaceIII对194篇人工智能心理学研究文献进行了图谱化分析，通过呈现出来的聚类视图与时间线视图，分析人工智能心理学研究知识体系的结构、联系与演化。

1.聚类视图与自动聚类标签

聚类视图来源于参考文献（Cited Reference，CR）被共引信息，参考文献被共引是指两篇或多篇参考文献被同一篇文献引用的现象，多用于文献被共引网络分析。通过分析被共引网络中的聚类及关键节点，可揭示出该研究领域的知识结构。[3], p.75图1是利用CitespaceIII绘制的194篇人工智能与心理学研究文献的聚类视图，时间跨度为1998—2017，时间分割为1年，设置文献共被引篇数与共被引次数的阈值为2|2，利用简化功能"最小生成树"对图谱进行剪枝。其中，由图1所示的聚类模块化社团结构Q值为0.80，当Q值>0.3，就意味着划分出来的社团结构是显著的，[3], p.43可见图1呈现的6个知识聚类（#0—#5聚类）社团结构是非常显著且极具有代表性的。

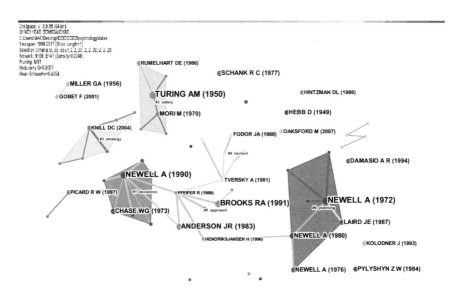

图1　人工智能心理学研究文献的聚类视图

自动聚类标签是通过特定算法从引用聚类的相关施引文献中自动生成并提取的表征聚类特征的标签词，在CitespaceIII中有三种提取标签词聚类算法，分别为加权算法（TF*IDF）、对数似然率算法（LLR）以及互信息算法（MI），这三种算法所提取的标签信息是对聚类议题最佳的诠释和界定。[3], p.44表4展示了基于加权算法、对数似然率算法以及互信息算法所提取的人工智能心理学知识图谱中各聚类研究方向与特征的自动聚类标签，并表征出每个聚类的研究主流方向、特征与前沿。S值表示聚类的模块化程度，S≥0.5表示每个聚类的划分是显著并且合理的。[3], p.43表4中各聚类的S值均大于0.7，可见人工智能心理学知识图谱中各聚类的划分均是合理且显著的。结合上述聚类视图与自动聚类标签，以及各聚类中的被引文献与施引文献信息，将这6个知识聚类议题研究方向定义为：聚类#0人工智能解决问题议题，聚类#1人工与人类认知共性议题，聚类#2人工智能学习议题，聚类#3人工智能脑科学议题，聚类#4人工智能环境认知议题，聚类#5人工智能表征议题。

表4　人工智能心理学知识的自动聚类标签

聚类号	规模	S值	标签（TF*IDF）	标签（LLR）	标签（MI）
0	7	0.925	Planning	Solving-Problem	Decision-Making
1	7	0.926	Decision	Recognition-Based	Perception
2	6	1	Safety	Neuromorphic	Anthropomorphic
3	6	1	Strategy	Bayesian	Brain-Considered
4	6	0.958	Herbert	Understanding	Environment
5	6	0.705	Approach	Representation	Philosophy

2.时间线视图

图2是人工智能心理学研究文献各聚类的时间线视图。时间线视图侧重于勾画知识聚类发展的时间关联以及各聚类引文的历史跨度。通过分析时间线视图，能够明确某一聚类的开始年份，以及该聚类研究的活跃度（由节点大小以及节点之间跨越的时间来判断）。聚类中的每一节点表示一篇引文，节点越大表示该文献被引的总次数越多，占据着该聚类知识起源越重要的位置。[3], p.76具体聚类热点引文见表5。

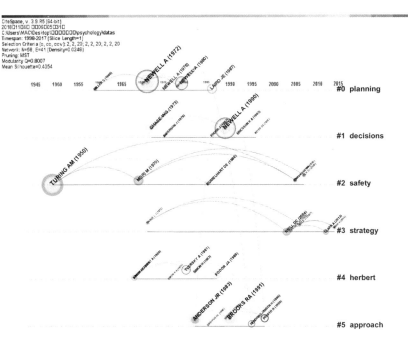

图2　人工智能心理学研究文献的时间线视图

表5　聚类活跃度与热点引文

活跃度	聚类	作者	热点引文
1	聚类#3 （1972—2015年）	Mnih	Human-Level Control through Deep Reinforcement Learning
		Clark	Whatever Next? Predictive Brains, Situated Agents, and the Future of Cognitive Science
		Knill	The Bayesian Brain: the Role of Uncertainty in Neural Coding and Computation
2	聚类#2 （1950—2008年）	Turing	Computing Machinery and Intelligence
		Hinton	Reducing the Dimensionality of Data with Neural Networks
		Jilk	SAL: An Explicitly Pluralistic Cognitive Architecture
3	聚类#1 （1973—1997年）	Newell	Unified Theories of Cognition
4	聚类#0 （1960—1987年）	Newell Laird	Human Problem Solving SOAR: An Architecture for General Intelligence

聚类#3节点的时间跨度为1972—2015年，说明该聚类研究的议题最为活跃。其中最为活跃的被引文献包括：多伦多大学计算机科学部蒙宁（Volodymyr Mnih）于2015年在 *Nature* 上发表的 Human-Level Control through Deep Reinforcement Learning，爱丁堡大学哲学、心理学与语言科学学院克拉克（Andy Clark）于2013年在 *Behavioral and Brain Sciences* 上发表的 Whatever Next? Predictive Brains, Situated Agents, and the Future of Cognitive Science，以及罗彻斯特大学大脑认知科学部科尼尔（David Knill）于2004年在 *Trends in Neurosciences* 上发表的 The Bayesian Brain: the Role of Uncertainty in Neural Coding and Computation。

其次活跃的是聚类#2（节点时间跨度：1950—2008年），其中活跃的被引文献包括：人工智能之父图灵（Alan M. Turing）于1950在 *Mind* 上发表的 Computing Machinery and Intelligence，多伦多大学计算机科学部辛顿（G. E. Hinton）于2006年在 *Science* 上发表的 Reducing the Dimensionality of Data with Neural Networks，以及卡耐基梅隆大学心理学系基尔克（David J. Jilk）于2008年发表在 *Journal of Experimental & Theoretical Artificial Intelligence* 期刊上的 SAL: An Explicitly Pluralistic Cognitive Architecture。

第三活跃的是聚类#0（节点时间跨度：1960—1987年）与聚类#1（节点时间跨度：1973—1997年），其中较为活跃的被引文献包括：纽厄尔分别于1972年与1990年完成的两部著作 *Human Problem Solving* 与 *Unified Theories of Cognition*，以及密西根大学电子工程与计算机学院莱尔德（John E. Laird）于1987年在 *Artificial Intelligence* 上发表的 SOAR: An Architecture for General Intelligence。聚类#4（节点时间跨度：1969—1988年）与聚类#5（节点时间跨度：1983—1999年）活跃度最低，均没有高被引或热点文献，表示这两个聚类的文献研究热度已经降低并开始衰落。

三、人工智能心理学知识聚类分析

聚类视图（图1）、自动聚类标签（表4）与时间线视图（图2）反映了人工智能心理学知识聚类的结构、特征、关联与发展，同时知识图谱科学准确地给出了各聚类的研究议题、起源文献与核心文献。接下来将详细探析各聚类的知识起源、发展与融合过程。

1. "人工智能解决问题"（problem solving）议题

聚类#0围绕"人工智能解决问题"议题展开，引文时间跨度为1960—1987年（代表引文见表6）。由图2可见，该聚类最早的文献起源于普林斯顿大学认知心理学教授米勒（G. A. Miller）于1960年撰写的基于人工智能计算的认知行为学著作 *Plans and the Structure of Behavior*。从聚类#0节点的大小与时间线来看，纽厄尔于1972年所著的 *Human Problem Solving*[4]处在该聚类的核心位置，其著作近年来仍然被多次引用。*Human Problem Solving* 从三大部分展开，首先从基于人类处理非数值符号与符号结构信息（Information-Processing System, IPS）的层面提出了计算机逻辑理论（The Logic Theorist, LT）。LT基于人类思考与处理信息的逻辑顺序展开，而非依靠单纯的计算逻辑。LT包含了多个复杂的问题与子问题层级（hierarchy），并储存了处理相应问题的预备（preparatory）与直接（directional）概念集合（set），通过模拟程序（simulation program）与选择搜索（selective searches）的方式引导程序模拟人类启发性思维（heuristic methods），并选择解决问题的最有效路径。接着，就国际象棋、逻辑识别与密码破译三个具体认知问题，讨论了问题空间结构。问题空间的差异在于空间大小与结构种类的不同，但每个问题空间都不是无限的，人类解决问题的方式并不是大海捞针、穷举尝试（exhaustive search），而是在有限并可忍耐的尝试与错误中抽取问题空间中的有效信息进行启发式探索。最后，该书基于对启发式方法的探讨提出了通用问题解决系统（General Problem Solver, GPS）。GPS的核心能力就在于探索式地选择"手段与目的"（means-ends）进行问题的对比分析，即GPS基于问题的特征进行信息抽取、回访并比较每个信息节点的差异，选择以更为高效的方法接近目标，通过不断缩小当前节点信息与目标信息的距离，优化解决问题的路径。

聚类#0中另一篇活跃至今的文献为莱尔德在1987年撰写的论文 SOAR: An

Architecture for General Intelligence。[5]莱尔德继承并发展了纽厄尔的GPS理论，提出了计算机通用智能的SOAR结构模型。该模型是以人类认知层级区间（hierarchy band）为基础构建的，人类认知层级区间包括神经级（neural band）、感知级（cognitive band）与理性级（rational band），神经级近乎动物性的应激反应，是不假思索的神经反射；感知级不仅依赖于知识和逻辑，更涉及大量的心理与认知因素；理性级则几乎完全依靠逻辑推理与辩证分析。SOAR模型映射的是感知级区间功能（10毫秒至10秒的反应区间），这个区间从最低层级认知到最高层级的认知分别包括符号识别（symbol accessing）、初级思考（elementary deliberate operations）、知识组合（simple operator composition）与目标确立（goal attainment）。SOAR的认知功能实现了把问题空间分解为各子目标单元，并不断通过对子目标的信息探试与知识启发进行优先性决策，解决死胡同问题。

表6　聚类#0作者与代表引文

作者	代表引文	时间
Miller	Plans and the Structure of Behavior	1960
Newell	Human Problem Solving	1972
Laird	SOAR: An Architecture for General Intelligence	1987

2.人工与人类认知共性议题

聚类#1围绕"人工与人类认知共性"议题展开，引文时间跨度为1973—1997年（代表引文见表7）。该聚类的起源文献为卡耐基梅隆大学教授蔡斯（William G. Chase）与西蒙于1973年发表在*Cognitive Psychology*上的论文Perception in Chess，[6]从该引文节点在聚类#1的时间线（图2）来看，其近年来被引研究相对活跃。该论文通过对比实验研究了大师级、普通级、初级三类棋手的感知（perception）与短时回忆（short-term recall，≤5秒）之间的关系。实验发现不同水平的棋手对比赛棋局（非无规则棋局）的感知与回忆能力有着本质的区别，大师级棋手能在短时记忆中产生更多的组块（chunks）

信息，其复原棋局的时间最短且错误最少。在实验结果的基础上论文进一步阐释了组块信息对感知能力与记忆范围（memory span）的作用机理。一般而言，人类在2秒内即可通过感知对外界信息进行粗略的组块分类，此时的组块是存储在短时记忆中的模糊认知标签。短时记忆不断受到外界干扰，使得回忆信息在复原过程中极易发生错误，因此准确地还原回忆信息需要长时记忆（long-term memory）中存储的组块信息与个体技能水平（skill）的支持。蔡斯与西蒙强调组块与记忆是人工智能实现"模式识别"（pattern recognition）与"经验识别"（experience recognition）两种功能的基础。

聚类#1中另一篇对当下人工智能心理学研究产生重要影响的文献是纽厄尔于1990年所著的 *Unified Theories of Cognition*。[7]纽厄尔通过构建认知处理系统SOAR映射（mapping）并模拟（simulating）人类认知能力，并以SOAR为研究范本提出了程序模拟人类认知行为特征的认知统一理论（Unified Theories of Cognition）。SOAR模型所展示的基于无参数预测（no-parameter predictions）的立即行为（immediate behavior）是其模仿人类基本认知能力的最重要特征，主要包括组块识别、立即响应、离散动作技能（discrete motor skills）等能力。此外SOAR模型还展现了模拟人类记忆、学习与技能获取的能力。最后，纽厄尔通过SOAR所实现的三个具体的任务——密码破译（cryptarithmetic）、逻辑推论（syllogisms）、句子验证（sentence verification），指出认知统一理论应该是一套能够映射人类认知理性、覆盖且解决更广泛问题空间的人工智能理论。

表7　聚类#1作者与代表引文

作者	代表引文	时间
Chase & Simon	Perception in Chess	1973
Newell	Unified Theories of Cognition	1990

3. "人工智能学习"（learning）议题

聚类#2围绕"人工智能学习"议题展开。由图2聚类#2节点的时间线可知，该聚类被引文献的活跃度比较高，时间跨度较长（1950—2008年），在人工智能心理学研究中占有重要的学术地位（代表引文见表8）。该聚类的起源文献是"人工智能之父"图灵于1950年发表的论文Computing Machinery and Intelligence，图灵在文中首次提出了学习机器（Learning Machines）的概念。[8]图灵认为尽管机器学习类似儿童学习，需要有一套复杂且适宜的学习系统，但是机器学习路径与儿童学习路径是不可混为一谈的，机器学习路径在于发展一套严谨的逻辑推理体系，逻辑推理是通过陈述命令（imperatives）实现的，例如完整事实命令、推测命令、数学论证命令以及管理权命令等。此外，该论文的结尾展望了机器记忆能力与语言能力对于人类学习认知的重要意义。图灵最早提出的学习机器理论的前瞻性与指向性对后世的研究影响深远。

聚类＃2中的第二篇重要文献是日本著名机器人学家森・政弘（Mori）发表的论文"不気味の谷"英文版The Uncanny Valley发表在Energy上。[9]这篇论文对机器人（robot）的类人设计提出了基本概念与研究方向。首先，文章对机器的功能与拟人外形设计进行了分类比较：一部分机器具有特定功能但是外表完全不像人（例如搬运、装配机器等），而另一部分机器具有类人的外观，但是没有实用功能（例如模拟儿童机器）；紧接着文章提出了机器人的运动效能（the effect of movement）可以放大机器人与真实人类之间的相似性或差异性，因此加强机器人对运动技能的学习并提高其运动性能的逼真度可以增加人类对机器人的好感，并减少人类对"似人而非人"机器的恐惧；最后从机器人运动效能与外观设计上揭示了机器人与真实人类之间的神秘峡谷（uncanny valley），文章建议性地提出了机器人设计的可接受度（acceptably）与舒适度（comfortably）原则。

第三篇重要文献是辛顿在2006年发表在Science上的论文Reducing the Dimensionality of Data with Neural Networks。[10]辛顿借助神经网络技术（neural networks）构建了机器学习认知的自编程法（autoencoder）。自编程法的最大优势在于模拟神经网络系统并实现高维数据的降维（low-dimensional）与数据的非线性构造（nonlinear structure），即自编程法的梯度下降技术可以实现数据权系数比例的精细调节，实现高维数据的有效降维，为实现机器的更新学习与调节认知提供了拟人神经认知系统。

第四篇重要文献是基尔克在2008年发表的论文SAL: An Explicitly Pluralistic Cognitive Architecture。[11]基尔克提出的SAL是一种解决机器学习中认知多样性（epistemological pluralism）冲突的融合系统。SAL继承并融合了ACT-R（Adaptive Control of Thought-Rational）系统中的符号认知表征功能（symbolic cognitive architecture）以及Leabra系统中的模拟人脑海马体（hippocampus）与后皮质（posterior cortex）的信息传递与降维的功能。基尔克强调了SAL是一种基于心理学与生物学的机器学习系统，其功能实践的意义在于解决了机器认知理论多样性的争端，为统一机器认知理论提供了典型范例。

表8　聚类#2作者与代表引文

作者	代表引文	时间
Turing	Computing Machinery and Intelligence	1950
Mori	The Uncanny Valley	1970
Hinton	Reducing the Dimensionality of Data with Neural Networks	2006
Jilk	SAL: An Explicitly Pluralistic Cognitive Architecture	2008

4.人工智能脑科学议题

聚类#3围绕"人工智能脑科学"议题展开。该聚类是人工智能心理学研究知识图谱中最活跃的聚类，引文时间跨度为1972—2015年（代表引文见表9）。该聚类文献起源于密歇根大学数学与统计学教授萨瓦赫（L. Savage）于1972年撰写的有关统计学基础的著作*The Foundations of Statistics*。

由图2可见该聚类引文从2004年开始受到关注，并持续至今。始于2004年的重要文献是科尼尔发表的论文*The Bayesian Brain: the Role of Uncertainty in Neural Coding and Computation*。[12]这篇论文讨论了人类大脑处理不确定性信息与不确定性问题的规律。大部分学者认为人类通过神经元（neurons）获得直觉（perception）和感知运动（sensorimotor），做出不确定性决策。科尼尔进一步提出了人类的神经元在处理不确定信息做出决策时实质上遵循的是最优贝叶斯（Bayes optimal）计算规律。虽然现阶段的神经生理学（neurophysiology）没能捕捉到具体的神经传递数据来证明大脑运算的最优贝叶斯计算规律，但是大量的行为观察结果可证明大脑处理不确定信息时倾向做出基于最优贝叶斯计算的决策。同时，文章介绍了模拟神经元处理不确定信息的三种最优贝叶斯计算：（1）二进制变量算法（binary variables）；（2）卷积编码与变量算法（convolution codes and variations）；（3）增益编码算法（gain encoding）。最后科尼尔提出了目前我们在不确定性信息处理模拟中面临的挑战，包括：（1）寻找并研究人类在决策与行为方面与最优贝叶斯计算规律相悖的认知缺陷；（2）神经科学家应该尽早研究并发现神经元传递处理信息的规律，以实验数据证明大脑处理不确定信息的最优贝叶斯计算规律。

聚类#3中的第二篇重要文献是克拉克在2013年发表的论文Whatever Next? Predictive Brains, Situated Agents, and the Future of Cognitive Science。[13]克拉克仔细介绍并检视了模拟人脑皮质处理（cortical processing）的层级预测机器（hierarchical prediction machine），该机器中的层级生成模型（hierarchical generative model）可自上而下（top-down）逐级生成感知数据流。层级生成模型能够模拟人脑皮质的神经效能（neural economy），在人们束手无策的情况下提供信息推进的方法。与此同时，该模型从脑科学与神经生物学的层面实践了人工智能在思维与行为方面的统一科学理论（a unified science of mind and action）。

聚类#3中的第三篇重要文献是蒙宁于2015年在*Nature*上发表的Human-Level Control through Deep Reinforcement Learning。[14]蒙宁在论文中介绍了第一个模拟人脑多巴胺能神经元（dopaminergic neurons）处理感知阶段信号并具强化学习能力（deep reinforcement learning）的人工智能代理（Deep Q network，DQN）。DQN具有"终端对终端"（end to end）不断强化学习的能力，同时通过神经网络感受高维信息输入（high-dimensional sensory inputs），直接学会既定规则。实验结果表明，基于神经元信号识别与时间差强化学习算法的

DQN能够超越之前所有人工智能代理算法的性能，并在49个游戏测试中达到了专业级玩家的水平。文章结尾进一步展望DQN的优化：与人类深度学习模式类似，DQN从多次重复处理重要事件所获得的经验是有偏差的，充分比较并理解经验偏差，对于激发与提高DQN的深度学习能力极为重要。

表9　聚类#3作者与代表引文

作者	代表引文	时间
Savage	The Foundations of Statistics	1972
Knill	The Bayesian Brain: the Role of Uncertainty in Neural Coding and Computation	2004
Clark	Whatever Next? Predictive Brains, Situated Agents, and the Future of Cognitive Science	2013
Mnih	Human-Level Control through Deep Reinforcement Learning	2015

5. 人工智能环境认知议题

聚类#4围绕西蒙提出的"人工智能环境认知"议题展开（代表引文见表10）。由该聚类节点在图2的大小与时间线可判断，该聚类研究热度趋冷，近年被引频次与关注度处于所有知识聚类中的最低位。

聚类#4的起源与核心文献为西蒙于1969年所著的 *The Sciences of the Artificial*。[15]西蒙首先提出人工智能行为（behavior of artificial system）是基于环境设置的特定智能反映，人工智能环境包括内在机制环境（inner environments）与外在系统环境（outer environments）。之后西蒙具体讨论了内在机制环境中心理学与神经生物学功能对人工智能行为的作用机理，并借用组块与短时记忆的关系实验说明了人工智能行为的思维心理学（the psychology of thinking）。此外，西蒙认为外在系统环境对于人工智能行为也是极为重要的，外在环境与行为模拟的互动需要目的分析、统计决策理论与函数效用理论等方法实现。最后，西蒙强调层级性分析（hierarchical analysis）可以协助人工智能识别系统环境与问题任务的复杂性，通过层级解构（decompose）问题空间，加强导向行为与子系统、子目标、子问题的匹配度，进而解决复杂问题。

6."人工智能表征"（representation）议题

聚类＃5围绕"人工智能表征"议题展开（代表引文文献见表10）。由该聚类节点在图2的时间线可判断，该聚类的研究热度开始下降。聚类#5的起源与核心文献为德国应用技术大学心理学研究所教授安德森（John R. Anderson）于1983年所著的 *The Architecture of Cognition*。[16]安德森开发了一种模拟心理表征（mental representation）的运行系统ACT（Adaptive Control of Thought），并旨在通过ACT映射并阐释人类心理表征特点与心灵哲学（mind philosophy）。首先，安德森总体介绍了基于心智理论开发的ACT系统的语义识别与程序表征的统一性。接着，进一步阐明了ACT具有表征功能的三大认知单元（cognitive units）：时间字符串（temporal strings）、空间图像（spatial images）与抽象命题（abstract propositions），这些抽象与概括性的认知单元储存在系统记忆中，并与问题空间的特征匹配。最后通过ACT的模式匹配机制（pattern matching mechanisms）成功实验了该系统从感知语义到论证几何题的认知学习过程。

表10　聚类#4、聚类#5作者与代表引文

作者	代表引文	时间
Simon	The Sciences of the Artificial	1969
Anderson	The Architecture of Cognition	1983

四、总结与展望

人工智能心理学发展的意图在于让机器能够像人类一样认知并解决问题，并且试图通过人工智能技术映射人类当下最前沿的心理认知科学技术。为此本文利用大数据分析软件CitespaceIII对 Web of Science 数据库中近20年来人工智能心理学领域的研究文献进行了知识图谱分析，通过图谱所映射的共被引网络与知识聚类信息展示了整个人工智能心理学知识领域在近一个世纪蓬勃

发展的历程，同时也展望了其面向未来的发展趋势。

1.人工智能心理学研究历史阶段的总结

通过对人工智能心理学知识图谱中6个知识聚类的重要文献内容探析，并结合聚类视图（图1）与时间线视图（图2），从时间维度可以将人工智能心理学知识体系的融合发展与变迁趋势分为四个阶段：

（1）20世纪50年代图灵和米勒等人对机器认知与学习等概念的猜想与初探；

（2）70—90年代纽厄尔、西蒙和莱尔德等人基于模块记忆与层级分析对人工智能信息处理模型的系统性构建；

（3）21世纪初基于神经生理学的降维数据信息认知理论的发展；

（4）当下人工智能贝叶斯大脑与深度学习理论的兴起。

由此可见，在整个人工智能心理学的发展历程中，学者们都力图找到一套可以统摄人工智能知与行的认知统一理论。正是出于这个目的，心理学、神经生理学、脑科学等认知科学在近一个世纪的时间内不断借鉴与融合，从最简单的人工智能符号处理系统升级到如今的脑神经系统。正如纽厄尔在1992年所言：人工智能心理学就是致力于探寻一个如人类般通过一个大脑统摄各类行为的系统，即人工大脑。[17], p.425。随着当下人工智能大脑神经元模拟技术的兴起，纽厄尔的观点正不断地被完善和实现。

2.认知统一理论的突破

为了能够让机器像人类一样认知和解决问题，学者们不断尝试构建模拟人类认知过程中特定环节功能的系统。1972年，纽厄尔与西蒙基于对启发式方法的探讨，提出了通用问题解决系统（GPS），它能探索式地选择"手段与目的"进行问题的对比分析，优化问题解决方案；1983年安德森开发了ACT系统，通过匹配认知单元（时间字符串、空间图像与抽象命题）与问题空间的特征，实现了系统的表征认知功能；1987年纽厄尔与莱尔德构建了SOAR模型，并在1990年基于SOAR模型构建了认知统一理论，SOAR模型能够完成人类感知层级的四种活动，并能通过层级分析解决"死胡同问题"，同时，其所映射的认知统一理论被认为是一套能够映射人类认知理性、覆盖且解决广泛问题空间的人工智能理论。在此之后，2008年基尔克进一步利用SAL系统模拟人类大脑中信息的传递功能和信息降维功能，完善了认知统一理论中认知多样性冲突的融合问题；2015年蒙宁提出了DQN人工智能代理系统，DQN能模拟人脑多巴胺能神经元处理感知阶段信号，并具有强化学习能力，从而实现了感知层级信息的获取，进一步促进了认知统一理论的发展。

目前的认知统一理论与人类认知机理的一致性还没有被广泛证实，且人工智能的计算行为和人类的决策行为仍然存在明显的差异，跨越这一鸿沟不仅需要计算机技术进步和提高，更需要认知行为科学、脑科学与神经生物学深入融合与发展。

3.贝叶斯大脑的兴起

人工智能最难以实现的是模仿人类在认知水平上获取信息、解决问题与做出行为决策等的能力。从人工智能心理学知识图谱的聚类分析中可发现，实现类人的认知能力是人工智能心理学研究需要不断突破的关键问题。人工智能的认知能力正从基于符号识别的信息处理模式向模拟人脑神经元的信息处理模式过渡与融合。当下人工智能在认知功能方面已经实现了四大突破：其一，人工智能已经具备通过组块记忆处理信息的能力；其二，人工智能在组块记忆的基础上，通过模仿神经网络仿真实现了处理高维信息的能力；其三，人工智能成功模拟了人脑部分区域功能并实现了对不确定信息进行最优化决策的能力；其四，人工智能通过大数据处理实现了经验比较与深度学习的功能。

然而人工智能心理学在认知功能构建研究的过程中，特别是在感知层级上，仍然不能完整映射类人的心理活动与认知智力，例如类人的环境应激、即时响应、情绪表达等处理不确定因素的高级感知能力。但一个非常有趣的现象是，当下大部分学者将研究视角转向人类大脑的最优贝叶斯计算规律，试图让人工智能在处理上述不确定性因素的认知过程中能够做出即时应激且最优的决策，让"人工大脑"利用最优贝叶斯概率计算处理大数据信息并表现出类人且超人的智慧，这也是当前"贝叶斯大脑和深度学习"成为人工智能心理学研究热点的重要原因。此外，在人工智能科技飞速发展的过程中，如何应对并消解"物与心""心与身"二元对立的心灵哲学问题[18], p.48，如何发展人工智能"具身"与"情感"的大脑认知功能[19], p.1032，也是人工智能心理学学者未来需要关注与突破的方向。

参考文献

[1] Newell, A., Shaw, J. C., Simon, H. A. 'Elements of a Theory of Human Problem Solving' [J]. *Psychology Review*, 1958, 65(3): 151−166.

[2] 陈悦、陈超美、刘则渊、胡志刚、王贤文. Citespace知识图谱的方法论功能[J].科学学研究，2015, 33(2): 242−253.

[3] 陈悦、陈超美、胡志刚、王贤文. 引文空间分析原理与应用[M]. 北京：科学出版社，2014, 43−76.

[4] Newell, A., Simon, H. A. *Human Problem Solving* [M]. Englewood Cliffs: Prentice-Hall, 1972, 153−165.

[5] Laird, J. E., Newell, A. 'SOAR: An Architecture for General Intelligence' [J]. *Artificial Intelligence*, 1987, 33(1): 1−64.

[6] Chase, W. G., Simon, H. A. 'Perception in Chess' [J]. *Cognitive Psychology*, 1973, 4(1): 55−81.

[7] Newell, A. *Unified Theories of Cognition* [M]. Cambridge: Harvard University Press, 1990, 136−397.

[8] Turing, M. T. 'Computing Machinery and Intelligence' [J]. *Mind*, 1950, LIX (236): 433−460.

[9] Mori, M. 'The Uncanny Valley' [J]. *Energy*, 1970, 7: 33−35.

[10] Hinton, G. E., Salakhutdinov, R. R. 'Reducing the Dimensionality of Data with Neural Networks' [J]. *Science*, 2006, 323(5786): 504−507.

[11] Jilk, D. J., Lebiere, C. 'SAL: An Explicitly Pluralistic Cognitive Architecture' [J]. *Journal of Experimental & Theoretical Artificial Intelligence*, 2008, 20(3): 197−218.

[12] Knill, D. C., Pouget, A. 'The Bayesian Brain: The Role of Uncertainty in Neural Coding and Computation' [J]. *Trends in Neuroscience*, 2004, 27(12): 712−719.

[13] Clark, A. 'Whatever Next? Predictive Brains, Situated agents, and the Future of Cognitive Science' [J]. *Behavioral and Brain Sciences*, 2013, 36(3): 181−204.

[14] Mnih, V., Kavukcuoglu, K. 'Human-Level Control through Deep Reinforcement Learning' [J]. *Nature*, 2015, 518: 529−533.

[15] Simon, H. A. *The Sciences of the Artificial* [M]. Cambridge, MA: MIT Press, 1969, 10−198.

[16] Anderson, J. R. *The Architecture of Cognition* [M]. Cambridge: Harvard University Press, 1983, 96−237.

[17] Newell, A. 'Précis of Unified Theories of Cognition' [J]. *Behavioral and Brain Sciences*, 1992, 15:425−492.

[18] 刘晓力. 当代哲学如何面对认知科学的意识难题[J]. 中国社会科学，2014，6：48−68.

[19] 叶浩生. "具身"涵义的理论辨析[J]. 心理学报，2014，46（7）：1032−1042.

人工智能道德增强的限度

马翰林

一、导言

请设想如下情景：假设你是一名遵守社会公德的人，在没有做任何功课的情况下，生平第一次来到了另一个国家旅游。你发现这里的垃圾分类远远超出你的已有常识，因为你不知道手中某些垃圾的材质以及本地的分类要求。这时你启动手机里的智能对话系统，告知自己的困境。它要求你把手中要处理的垃圾对着手机摄像头，经过识别后，向你指明了最近的一个垃圾桶所在位置，并告知你应该把这个垃圾扔到左边数第二个桶中去。

这是一个在不远的未来很可能发生的"人工智能道德增强"的具体情境。该例子中人工智能的建议，是"人工道德建议者"（Artificial Moral Advisor，缩写为AMA）[1]的道德AI（Moral AI）的功能之一[2]。AMA的目的不仅是为人类在具体情境中提供超出人类认知范围的道德相关信息，进而帮助人类做出更恰当的道德行为，它的终极目的甚至可以是帮助人类接近某种"理想观察者"的境界，即一个近乎全知的存在，从而做出一个建立在信息零缺失、（基于某类原则)"道德零失范"基础上的道德判断——这往往也是唯一正确的判断。作为一个新兴的、甚至暂时还有些冷门的话题,道德AI或AMA被展望和讨论的程度还没有达到成熟的水平,尤其缺乏深入的质疑。本文将尝试做这个工作,即试图证明这种AMA在"应该"和"能够"两个层面上都很难成立。

道德AI思路的出现象征着两个理论风潮的合流。一个风潮是作为第二波"人类增强"的讨论焦点的"人类道德增强"[3],该理论的倡导者正是提出道德AI的朱利安·萨武列斯库(Julian Savulescu)等人,他们提议人类"应该"通过生理改造或其他外部调制(如人工智能辅助)提升人类的道德认知水平,更改人类产生"错误的"道德判断的生理或认知基础,从而应对道德危机带来的全球性社会危机。[4]另外一个风潮指部分人工智能研究者希望制造某种"道德机器"。具体而言,一部分专用人工智能学者(如各类专家系统的开发者)致力于让机器"能够"合乎伦理地工作——如自动驾驶系统、自动手术系统或医疗反馈系统实现伦理的控制论;而另外一部分人则被"创造类人的道德主体"这一话题所吸引,致力于创造一种具备各种类人特性(如道德自主性)的通用型人工智能——一种"思维机器"[5]。无论诉诸何种目的的道德机器研究,首先要解决的问题是"如何表征道德"。不同的技术路径对此的回答有所不同,这种差异在部分专用人工智能学者与通用人工智能学者之间表现得尤为显著。萨武列斯库明确表示,通过"弱AI"技术,也就是专用人工智能系统,就可以达成道德AI的目的。[2], p.84然而这个目的可以达到吗?如果达不到却强行推广道德AI,又会导致什么样的伦理问题?要审视这些疑问,我们需要从如下几点逐步入手:

1.理想观察者背后深层的道德哲学基础是什么?这是不是一个值得商榷的预设?

2.理想观察者的道德哲学基础与什么样的道德机器表征体系是契合的?这样一个特定的道德机器技术本身存在哪些问题?

3.这样的问题是否同理想化的道德AI可能造成的伦理问题相关?

二、AMA 与理想观察者，绝对主义的道德指南？

为了避免误解，在讨论 AMA 之前有两个信息需要明确。首先，AMA 不是一个简单的信息查询系统。虽然通过搜索引擎人们也可以查明如何在日本处理垃圾，但我们设想的是当使用者直接询问"如何处理这个垃圾才最道德？"的时候，系统会识别该语句的道德含义并自动结合使用者的习惯来给出建议。这种系统在人类面临超出自己的信息检索能力的道德问题时往往会显示威力。例如，怎样为一个有待深度挖掘的社会道德事件定性？当某人不希望被社会舆论左右的时候，他可以借助 AMA 强大的道德信息处理能力来做出一个独立而且比较完备的判断。其次，AMA 只是道德 AI 的一个类型，根据萨武列斯库等人的设想[2], pp.85-89，道德 AI 至少包括四类道德增强功能：1.道德环境监测器，提醒当事人自己的生理或者其他客观指标会对他的道德境况造成什么影响，如睡眠不足可能会导致人类的道德推理能力受损[6]，此时该系统将提醒当事人。2.道德组织者，指为当事人既定的道德目标提供可行的方案。3.道德提示器，当人类陷入道德抉择困难的时候，它会为当事人提供各类道德规范与标准，帮助其深化道德推理。4.道德建议者，即 AMA。值得注意的是，一个完备的 AMA 往往同时也需要借助前三类功能的理论或技术基础。

之所以需要道德辅助增强，是因为普通人有如下缺陷：1.获取知识和信息的速度不够；2.推理速度不够；3.容易受到情感和情绪影响；4.不能像道德专家一样熟知各种道德规范。而一个理想的道德存在似乎应该没有这些缺陷，由罗德里克·弗斯（Roderick Firth）在1952年提出的著名的理想观察者（ideal observer，缩写为 IO）模型，[7]被当作用来构建 AMA 的备选方案。该模型有以下特征：（1）对非伦理事实无所不知（omniscient）；（2）无所不感（omnipercipient），能够通过视觉或想象等所有可能的方式认知这些信息；（3）不偏不倚；（4）不受情感左右；（5）始终如一；（6）其他如常。

之所以提出IO模型，是因为弗斯希望在经典的经验主义（奎因所批评的那种）框架内提出一种不同于相对主义或情感主义道德哲学的语义分析理论——所谓的"绝对主义意向分析"（absolutist dispositional analysis，缩写为ADA）。在ADA中，任何如"x是善的"的道德谓述都不是唯我论或心理主义的，而指称一类道德主语x，同时对接了针对x的某种可经验的道德意向。所以"x是善的"意思是：x是这样一类道德存在，它的存在可以被给予某种肯定的道德意向。该谓述在逻辑上是"客观的"，因为它可以由一个IO的道德意向来表征，而IO的存在与否与该谓述的真假没有关系。换句话说，在ADA中一个命题的真假同它被意向的有意识的经验主体的存在与否没有关系，即命题的真假不依赖于相关意向主体的意识。可见这是一个类似于弗雷格体系的语义学系统，这种谓词逻辑系统通常是专用计算系统的基础预设。那么IO基于什么样的知识来判断一个道德语句的真假呢？弗斯采取了一种自然主义的解释，他认为任何道德属性都是一种"第二性质"[7], p.324，判断某个语句表述的第二性质的真假，必须通过更深的"第一性质"来判断。例如判断"水仙花是黄的"，我们只需要取下水仙花黄色的材质对其进行色素分析即可。同样，道德属性也可以还原为客观的认知状态，例如行为状态或身体的状态来判定。所以在弗斯看来，作为IO的经验或道德判断证据的东西——所谓"道德数据"[7], p.326，不是道德意识的信念状态，因为后者是需要被判断的"第二性质"。由于IO具备完备的数据收集能力和无偏向的数据处理策略，所以它可以公正地对任何一个"x是善的"下判断。因此，IO被预设为一个完全确定的道德属性分类系统，而客观的状态被认为是这种分类最好的表征。

在知识表征层面，AMA几乎全盘接受了ADA的设定。由于计算机在信息处理以及科学检测数据化方面的优势，它被设定为一个IO，用来对人类意识中的道德判断进行评估。AMA系统的目的是通过评估与建议，逐步协助人类接近IO的水平，或者慢慢被"训练"去接受来自接近IO处理能力的计算机的判断方式和倾向。由于IO的"道德数据"是"客观的"，所以道德心理学以及认知科学的相关科学性数据或其他超越人类检索能力的数据挖掘结果，都可以被AMA用来作为判断依据，例如，"高水平的睾丸激素和睡眠不足会使人更容易做效应主义决策（会高估效用值）。AI会提醒行动者，由于这个原因，他对被建议的行动的评估可能与他惯常的道德原则不一致。" [2], pp.88-89再例如，如果一个人希望减少他的碳足迹的年度总量，AI会加大环保价值的比重，并且指令各本地设备侧重对相关信息进行收集和提醒。

这种AMA是道德专家主义的一个典型应用。辛格（Peter Singer）认为道德专家具备更好的信息整合能力、信息选择能力，以及将这些信息与恰当的道德意向和概念联结的能力。 [8], pp.116-117所以他们被认为是一些比普通人具备更高道德认知水平和更理性的道德判断的人——往往是道德哲学家。因此，他们的建议可以被当作道德指南来使用。AMA在进行程序设计的时候会将道德专家给出的道德原则与信息的拟合方案作为识别使用者的道德境况的标准，并依据这些规范给出建议。但是这里有一个问题，这种AMA容易陷入绝对主义的困境，因为伦理学界并没有一个无争议的普遍性规范可以被所有人接受。此外，AMA的信息处理能力毕竟与IO的无限预设不符，它只能处理世界中的部分信息。为了处理这个问题，朱比林尼（Alberto Giubilini）和萨武列斯库认为需要将道德原则的选取权交给使用者，并进一步根据这些道德原则的倾向来选取信息。换句话说，AMA可以提供一个"原则菜单"，不同的道德原则将对应不同的信息采集权重，进而产生不同的结果。然而这又会导致相对主义。为了避免这一点，他们不得不采取一种实用主义的态度，认为应该将"互惠、宽容和保护人类生命" [1], p.181这样一些只有在极端情况下才会被打破的规则写入AMA底层，作为终极性条例；而在不涉及这些条款的情况下，选择权将向使用者开放。这意味着AMA必须放弃某些极端情况，例如"杀死一个要袭击一所大楼的恐怖分子"，是永远被禁止的。

看上去这种AMA是两种有问题的道德哲学的合体，一方面，它是相对主义的，因为使用者可以根据自己的意愿随意地调节AMA的理论倾向；另一方面，在一些所谓的"根本性问题"上它又是绝对主义的，这意味着它在某些情景下会失效。但如果仔细考察朱比林尼和萨武列斯库设置AMA的用意，就会发现它归根结底还是一个践行绝对主义的系统。因为他们认为AMA所具有的五大好处之一正是促使行动者的道德"反思平衡"[1], p.186，换句话说，AMA还是需要在内部提供一个"标准答案"，例如当行动者的睡眠水平下降的时候，AMA还是认定这种状态不是一个"正常的"道德状态，并向行动者提供建议，从而避免"不当"的道德行为，而这些标准正是道德心理学专家提供的。

三、AMA的实现基础——道德机器

从道德表征的语义学特征来看，AMA似乎需要依存一个"自上而下"的"道德机器"系统来实现自己的功能。建立这样一个系统需要分两步走：首先，找到一个正确的、符合人类道德境遇的、不会自相矛盾的道德规范体系；其次，根据这个体系构建一个算法，进而用这个算法来指导建立AMA。莱布尼茨曾经在1674建立过一台计算机，据说他也梦想这台计算机可以将道德规范应用于实际境况，继而在任何情形下都计算出最好的道德行为。[9], p.83这种规范被认为具备稳定性和正确性，一旦形成，就会被设定为系统的执行原则。一般而言，人们会认为这些道德原则来自某些专家或传统道德，如"阿西莫夫三定律"[10]或"金规则"等。但是这些规则会相互矛盾或碰到反例，因而并不牢靠，需要进行精细化处理。所以当代部分道德机器的制造者往往致力于"如何获得一套更好的道德规则"，这些规则的获取方式往往是"自下而上"的，即从经验中"学习"得来。这些道德机器往往具备很好的"道德性"，但是却缺乏好的"自主性"。所以它们总体而言是一些"道德专家系统"，而不是真正具备道德主体性的道德智能体。

目前已经出现了不少关于"道德机器"的研究，如麦克·安德森（Michael Anderson）等人设计的医用伦理专家（简称MedEthEx）[11]；麦克拉伦（McLaren）的"真话机"（Truth-Teller）[12]；以及近年瓜里尼（Marcello Guarini）提出的道德案例分类器（Moral Case Classifier，缩写为MCC）[13]，等等。总体而言，这些系统都是以道德内容为核心的分类学习系统，只不过各自使用的算法或训练机制大相径庭。它们和IO最大的不同在于对学习的对象经验没有使用绝对自然主义的假设，而是通过收集道德信念或者道德语句来作为学习的素材。但从另外一个方面来看，其中有些系统却预设了对输入案例的分类，这种在先的分类往往被当作客观的，所以它们还是预设了某种IO视角。而如果不做这个预设，AMA似乎是无法建立的。

以道德机器研究中的重要先驱MedEthEx为例，该系统以比彻姆（Tom L. Beauchamp）和柴尔德里斯（James F. Childress）的生命伦理学原则（尊重自主、正义、行善以及不伤害）[14]作为基础准则，依据拉弗拉克（Lavrac）和德泽尔斯基（Dzeroski）的归纳逻辑程序（inductive logic programming，缩写为ILP）[15]，针对具体的案例进行训练，力图得到一些对此类案例可通用的伦理规则——系统设计见图1。为了便于理解，我们来看一个简单的、非困境的训练例子C_0：假设有一个病人出于（非理性）恐惧拒绝使用某种必要的抗生素，此时医生需要决定接受病人的请求还是再劝一次，MedEthEx会如何建议呢？我们选取尊重（病人的）自主、行善和不伤害这三个原则进行训练，并将每个原则量化为（$-2, -1, 0, +1, +2$）五个等级。依据某个参与被试对C_0的测评结果给出下表，其中√表示最终采取的目标行为：

表1　某个参与被试对C_0的测评结果

	尊重自主	不作恶	行善
再劝一次√	−1	+2	+2
接受请求	1	−2	−2

该训练模块的假设函数被称作最小特化规则（least specific specializations，缩写为LSS）。假设案例的知识表征可形式化为：favors（A, D_{A1}, D_{A2}, R），A指关于某案例的行为选择值（1，2），D为某个义务（如不作恶）下针对某个案例的不同行为的评估值，R是参量，该量的范围为（1—4）。满足"再试一次"的条件可以被表征为：favors (1, D_{A1}, D_{A2}, R) $D_{A1}-D_{A2} >= R$；满足"接受请

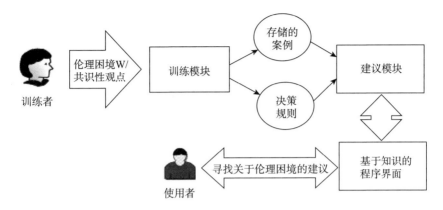

图1　MedEthEx设计架构

求"的条件可以被表征为：favors(2, D_{A1}, D_{A2}, R) $D_{A2}-D_{A1} >= 0$ $D_{A2}-D_{A1} =< R$。在这个函数中，针对行为1，R的值越小，针对该义务的估值的离散程度越大，我们也可以理解为"回归性"越差；反过来，针对行为2，R值越大，这些性质则往反方向增长。因此LSS的拟合性质受R值的制约，例如针对C_0，三个义务（自主Autonomy，不伤害Nonmaleficence，行善Beneficence）的LSS分别为：(favors(1, A_{A1}, A_{A2}, 1), favors(1, N_{A1}, N_{A2}, 1),favors(1, B_{A1}, B_{A2}, 1))。精简化之后C_0的完整的假设函数为：supersedes(A_1, A_2) ←favors(1, N_{A1}, N_{A2}, 1)，意即，当"不作恶"的估值差大于等于1的时候，医疗人员应该选择"再劝一次"。除此情况之外，还需要考虑不同的义务之间的合取或析取关系，这往往应用于更加复杂的情况，例如，病人不是出于恐惧而是出于某种特殊的宗教信仰而拒绝使用抗生素。根据ILP的拟合，该函数为supersedes(A1, A2)←(favors(1, N_{A1}, N_{A2}, 1) ∧ favors(2, A_{A1}, A_{A2}, 2)) ∨ favors(1, A_{A1}, A_{A2}, 3)。详细的推理过程见安德森的论文。[16]

　　虽然假设函数的拟合程序（ILP）不存在任何人为因素的干扰，但是所有的受训案例可能整体上是受某些不良影响导致的偏见，所以在测试环节MedEthEx会要求保障测试者不受任何来自外部或内部的制约因素的影响。例如要想确定病人真的是出于恐惧而非别的原因选择拒绝使用抗生素，一个最完美的解决方案是通过对病人的全信息监测来确定他的精神内容是否符合猜测。在这个前提下，如果产生了反例，对假设函数的修订（通过修订R等参数）才有意义，才会形成安德森所说的"反思平衡"效应。我们看到，实际上MedEthEx还是预设了一个IO的视角，从对所谓"内外影响因素"的控制来看，它完全可以要求一个全息化甚至是自然化的道德环境作为判断的知识背景，从而保证检验的正确性。从这个意义上来说，虽然在训练之初所有案例当中的判断可以是"主观的"，但随着假设函数的逐步修订，正向判断逐渐会被赋予某种"客观"的色彩。依据该函数给出的建议，对普通人而言也就具备了"客观"的指南意义。

如果将MedEthEx塑造为某种AMA，则它也很难逃脱绝对主义甚至是独断主义的窠臼。因为它试图将某种带有人为色彩的假设函数设定为具备普遍性的道德规范，即在训练的输入信息中加入人为的道德分类，并依据IO视角来检验这个假设函数。但如果我们不在学习系统的输入信息中加入任何道德分类的话，结果会如何呢？有实验证明，可能很难拟合到一个假设函数。换句话说，如果将道德分类当作一个"纯粹的"无监督学习来做的话，可能很难得到一个理想的结果。这个实验无法在MedEthEx上完成，因为它对于输入信息总是要求附带道德分类的。符合我们要求的是瓜里尼的道德案例分类器（MCC），MCC本质上是一个处理分类问题的、基于循环神经网络（RNN）的自然语言机器学习系统。通俗地讲，假设一个MCC获得了可民用意义上的成功，则本文开篇所设想的那种AMA就可以实现：它可以自动识别我们的自然语言中的道德性质，并对其进行分类，进而给出建议，而不需要通过给定使用者包含了分类设定的道德选项（供其选择）来识别使用者的道德意图。鉴于自然语言学习的发展现状，这在技术上的实现难度不容小觑，但不妨碍我们考察MCC的设计思路与试验阶段的成果。

与其他"道德机器"研究不同，MCC被建立的初衷并不是建立道德指南，而是用来讨论道德哲学中的问题。其落脚点在于当代的普遍主义（generalism）与特殊主义（particularism）之争。两者的差别在于前者认为存在一个完全充分、绝对精确的标准来判定任何一个道德语句的正误，而后者则认为道德中不存在这样的绝对标准，只存在辅助性标准（contributory standard）[17]。如"杀人是错的"，在普遍主义看来是在任何情境下都必须执行的规范，而在特殊主义者看来"杀人"并不构成"错误"的充分条件，它只能对规范提供一定的辅助性支持。显然普遍主义和ADA有异曲同工之处。当代著名的特殊主义者乔纳森·丹西（Jonathan Dancy）据说[18]曾在他的《无原则的伦理学》[19]中提到可以使用人工神经元网络来分析道德概念。或许正是受此启发，瓜里尼建立了一个简单循环神经元网络（Simple Recurrent Network，缩写为SRN）来训练对自然道德语句的分类（图2）。

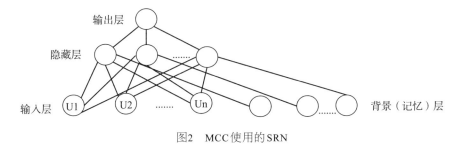

图2　MCC使用的SRN

下面我们来通俗地介绍一下MCC的工作原理。它有8个输入节点，24个隐藏节点和24个背景节点。SRN和一般的ANN的区别在于多了一个背景层，该层会将隐藏层的数据储存起来，在下一轮训练中与输入层的信息共同构成输入信息。它的作用在于筛去一些冗余输入信息，从而简化计算，正如当我们学会了高等数学知识之后就不需要再使用初等数学去解决问题了（除非必要）。就MCC而言，训练者可以在背景层中设置一些初始的分类设定，从而达到很好地控制变量的作用。来看一个训练案例：假设有一个SRNa，设分类标准为允许和不允许，取值1，-1，无效为0。将向量Jill定义为输入信息，该信息达到隐藏层后存储到背景层，目标输出结果为0；接着将Kills输入，目标输出结果为0，隐藏层数据被储存在背景层；下面，将Jack输入，过程同上，目标输出为0；下一次将in self-defense输入，过程同上，目标输出为1。以上是第一种训练方法，第二种训练方式（SRNb）是将一些案例中的"子例"进行预分类，如将"x kills y"和"x allows to die y"定义为"不允许的"（取值 −1），将其放入背景层。从而我们会得到下表[20], p.323，其中后两列是目标输出。

表2　MCCC训练案例

顺序	输入	输出：子例未分类	输出：子例分类
1	Jill	0	0
2	Kill	0	0
3	Jack	0	−1
4	in self-defense	0	1
5	Freedom from imposed burden results	1	1

我们看到，SRNa是一个全然无预分类的学习过程，如果任意SRNa过程都能够得出目标输出，则证明普遍主义的理论是正确的；如果训练无法完成，至少可以证明像IO所预设的那种最强的普遍主义是错的。反过来，如果SRNb训练完成，则证明绝对的特殊主义也是错的。就我们的例子而言，以0.1为学习率，SRNa的训练轮数为100,000，最终训练失败。同样以0.1为学习率，SRNb的训练轮数为17，并完成训练。所以，这次实验的结论是，极端的普遍主义与特殊主义都是错的。至此也就可以得出结论：除非加入预先分类，否则我们不可能通过SRN学习拟合到一个针对具体情境的道德分类。换句话说，如果我们不对MCC的输入信息进行道德分类，则MCC无法给出一个道德指南，依据MCC的AMA也就无法建成。

四、AMA的伦理风险与另一条道路

AMA的提倡者们之所以用IO视角作为预设，是因为这里存在一个隐含的前提，即"应当蕴含能够"。换句话说，如果要考虑建立一个AMA或者道德AI，首先必须考虑能够依靠的可实现性的技术有哪些，然后再考虑应该实现哪种AMA。鉴于AGI的发展还不够充分，他们只能将目光投向专用的人工智能系统，而这样的系统往往与IO视角相契合，它不具备任何道德意义上的自主性，只能作为机械的道德监察工具和道德说明书存在。所以这种AMA最大的风险源自它的道德表征体系——普遍主义的道德哲学。具体来说有两点：1.人类及其设计的计算系统并不具备IO所预设的那种认知能力，无法获得全息道德环境，从而也无法获得完备的道德表征。任何自诩为ADA的道德分析都是有风险的，容易陷入独断主义的窠臼。2.学习系统在追求普遍道德规则的时候，会陷入类似"观察渗透理论"的陷阱，正如上文中所谈到的，道德函数的拟合总是要以道德预分类为前提，否则无法拟合成功。这导致我们获得的道德规范总是起源于偏见。而当我们去检验这个假设函数的时候，又反过来要求一个类似IO的语境。这意味着我们又回到了1。

如果不采用以IO为视角的AMA系统，思考道德增强问题时就需要做一些重大的改变。有两点需要注意：1.必须重新思考人类需要的是怎样一种道德增强；2.这样一种道德增强需要配备什么样的智能系统。在本文的结尾阶段，我们可以做一个简要的理论展望，但并不进行具体阐释与论证。首先，需要将道德陈述的真值性与道德实践素养的塑成区分开。事实证明获得道德知识并不是提高一个人的道德水准的充分或必要条件。这意味着之前的AMA对于道德增强的基础理解存在问题。根据意识的演化理论[21]，道德表征是一种弥姆（模因）——一种代表意识对于多维度环境的适应性的"后天设计固定"。人类通过"鲍德温效应"或共同体内的文化传播来实现某种道德表征的固定与演化，而这往往意味着对某种"自我意识"的共享，根据P. F. 斯特劳森（P. F. Strawson）的理论，[22]这种"共享的"自我意识是个体形成"反应性态度"的基础，即当你认为自己有过错的时候，必定是你认为你的共同体成员也通过某种反应性态度指向你有过错的时候。这种反应性态度的投射必须是以自主意识假设为前提的。[23], p.72换句话说，当人类在判定一个道德行为的正误时，其规范性的来源不是该行为是否能够获得意向性的满足（对世界状态的改变），而是赋予行为人的认知权威，这种认知权威指有能力在不同的反事实状态之间获得一个判断。[23], p.300-304这种"第二人称"意义下的规范性，既不预设ADA那种与行为者的意识状态毫无关系的外在主义道德归属，又不会反过来完全将道德内容规范寄托在主体经验上。由此，也不能预设外在主义的语义学与自然主义的道德还原论。

虽然通用人工智能还未成为显学，但是AI界的研究已维持了很多年，而且日臻成熟与丰富。这将是为我们所设想的AMA提供实现基础的理论与技术的宝库。但由于AGI理论模型的类别繁多且差异巨大，我们必须给出自己的甄选标准，这也是提出上一段展望的目的。如果我们将这种新的AMA称为"作为'他者'的AMA"，那么它需要满足这些条件：1.它应该是作为一个与人类共建道德共同体的"他者"来协助人类完成道德的演化或"增强"；2.它应该是一个至少可以被人类假设具备自由意志的智能体；3.这个系统不以弗雷格的外在主义语义系统为理论基础；4.这个系统不再预设自然主义道德还原论。从笔者有限的AGI知识出发，该领域还是有理论具备潜力来实现这些条件的，如AGI领域代表人物之一王培的纳斯（NARS）系统[24]就致力于创构一个满足条件2—4的架构，满足后面的条件，自然也就有潜力实现条件1。

五、结语

虽然我们否定了以IO为基础的AMA，但这并不意味着使用专用人工智能技术无法帮助人类提高道德生活，如美国一个叫"人类饮食工程"的民间组织创建了一个手机APP，该应用可以为用户提供全美地图中餐馆的相关信息，例如哪些是素食菜馆、哪些餐馆不提供贝类或猪肉等。然而真正使这个APP起作用的，恐怕并不是餐馆的供餐属性，而是使用者对其他去餐馆就餐的人们饮食习惯的猜测。

（感谢天普大学计算机与信息科学系王培教授对本文及后续工作提供的宝贵意见。）

参考文献

[1] Giubilini, A., Savulescu, J. 'The Artificial Moral Advisor. The "Ideal Observer" Meets Artificial Intelligence'[J]. *Philosophy & Technology*, 2018. 31(2): 169−88.

[2] Savulescu, J., Maslen, H. 'Moral Enhancement and Artificial Intelligence: Moral AI?' [A], Romportl, J., Zackova, E., Kelemen, J. (Eds.) *Beyond Artificial Intelligence The Disappearing Human-Machine Divide* [C], Switzerland: Springer International Publishing, 2015, 80−95.

[3] Erik, P. *Shaping Our Selves: On Technology, Flourishing, and a Habit of Thinking* [M]. New York: Oxford University Press, 2015.

[4] Savulescu, J. *Unfit for the Future: The Need for Moral Enhancement* [M]. New York: Oxford University Press, 2012, 46−59.

[5] Dameski, A. 'A Comprehensive Ethical Framework for AI Entities: Foundations' [A], Iklé, M., Franz, A., Rzepka, R., Goertzel, B. (Eds.) Artificial General Intelligence, *11th International Conference, AGI 2018* [C], Prague, Czech Republic: Springer Nature Switzerland, 2018.

[6] Olsen, O. K., Pallesen, S., Eid, J. 'The Impact of Partial Sleep Deprivation on Moral Reasoning in Military Officers' [J]. *Sleep*, 2010, 33(8): 1086−1090.

[7] Firth, R. 'Ethical Absolutism and the Ideal Observer' [J]. *Philosophy and Phenomenological Research*, 1952, 12(3): 317−345.

[8] Singer, P. 'Moral Experts' [J]. *Analysis*, 1972, 4(32): 115−117.

[9] Giubilini, A., Savulescu, J. 'The Artificial Moral Advisor. The Ideal Observer Meets Artificial Intelligence' [J]. *Philosophy & Technology*, 2018, 31(2): 169−188.

[10] Wallach, W., Allen, C. *Moral Machines: Teaching Robots Right from Wrong* [M]. New York: Oxford University Press, 2009.

[11] Anderson, M., Anderson, S. L., Armen, C. 'MedEthEx: Toward a Medical Ethics Advisor' [J]. *AAAI Fall Symposium: Caring Machines*, 2005, 9−16.

[12] McLaren, B. M., Ashley, K. D. 'Case-based Comparative Evaluation in Truthteller' [A], *Proceedings of the 17th Annual Conference of the Cognitive Science Society* [C], New Jersey: University of Pittsbergh, Mahwah, 1995, 72−77.

[13] Guarini, M. 'Computational Neural Modeling and the Philosophy of Ethics' [A], Anderson, M., Anderson, S (Eds.) *Machine Ethics*[C], Cambridge: Cambridge University Press, 2011, 316−334.

[14] Beauchamp, T. L., Childress, J. F. *Principles of Biomedical Ethics* [M]. New York: Oxford University Press, 1979.

[15] Lavrac, N., Dzeroski, S. *Inductive Logic Programming: Techniques and Applications* [M]. New York: Ellis Harwood, 1997 .

[16] Anderson, M., Anderson, S. L, Armen, C. 'MedEthEx: A Prototype Medical Ethics Advisor' [A], *Conference on Innovative Applications of Artificial Intelligence* [C], Menlo Park: AAAI Press, 2006, 1759−1765.

[17] McKeever, S., Ridge, M. 'The Many Moral Particularisms' [J]. *The Canadian Journal of Philosophy*, 2005, 35: 83−106.

[18] Guarini, M. 'Moral Case Classification and the Nonlocality of Reasons' [J]. *Topoi*, 2013, 32(2): 267−289.

[19] Dancy, J. *Ethics Without Principles* [M]. New York: Oxford University Press, 2004.

[20] Guarini, M. 'Computational Neural Modeling and the Philosophy of Ethics' [A], Anderson, M., Anderson, S. (Eds.) *Machine Ethics* [C], Cambridge: Cambridge University Press, 2011, 316.

[21] 丹尼尔·丹尼特. 意识的解释[M]. 苏德超、李涤非、陈虎平译，北京：北京理工大学出版社，2008.

[22] Strawson, P. F. *Freedom and Resentment and Other Essays* [M]. London; New York: Routledge, 2008.

[23] 斯蒂芬·达尔沃. 第二人称观点[M]. 章晟译，南京：译林出版社，2015.

[24] Wang, P. *Rigid Flexibility: The Logic of Intelligence*[M]. Dordrecht: Springer, 2006.

人工智能体的自主性与责任承担

宋春艳　李　伦

认知一般被定义为人类加工信息的过程，包括感觉、知觉、思维、语言等。传统观点认为，认知局限于人的大脑或者躯体以内；延展认知理论则突破这种局限，认为"认知不一定局限于大脑和身体之内，可以延展到身体之外"。[1]从古到今，很多技术和技术产品已经实现了对人类认知的延展，如文字、符号、算盘、笔记本、计算机、互联网等媒介。当前，借助于互联网和大数据技术，人工智能体获得更加全面的实时数据进行学习和训练，从而大大提高了其智能化水平。在智能体与人、环境等要素共同构成的系统中，智能体已经表现出越来越强的自动性和"自主性"。那么，这是否意味着未来人工智体将成为新的责任主体呢？人类是否可以在智能体引发的事故面前袖手旁观呢？

一、人工智能体的自主性与担责可能性的论辩

1.正方意见：人工智能体已经产生自主性，可以承担一定责任

当今技术发展的速度超过了历史上任何一个时期。英特尔创始人摩尔

（Gordon Moore）关于芯片性能每18个月倍增的定律成为技术发展速度加快的最佳证明。除了技术发展速度增快之外，技术领域的复杂性更让作为外行的公众难以适应。与技术的迅猛发展相对，人类社会的精神文明建设却没有得到协调发展，以至于技术文化批评家温纳（Langdon Winner）惊呼："技术领域的发展总是超过个人和社会系统的适应能力，社会日益增长的复杂性和变化速度都让我们迷失了方向。我们的不足不在于缺少得到很少证实的'事实'，我们缺乏的是我们的方向。对技术事务的当代经验一再混淆我们的视野、期望，以及作出明智判断的能力。"[2]人类对技术最大的恐惧莫过于对自己制造的技术产品失去控制权，尤其是当技术产生自主性后。那么，技术真的产生自主性了吗？

　　一些学者认为技术已经产生了意向性或者自主性。技术现象学的观点认为，人不是直接面对世界，而是通过技术的"中介"关联世界，技术在人与世界的关系中起着"中介调节"的作用。这种调节作用主要表现在两个层面：一是认知层面，表现为在转换人对世界感知上的"放大"或"缩小"作用；另一个是行为层面，表现在技术对人类行为的激励或抑制作用。[3]也就是说，技术是具有道德调节功能的。拉图尔（Bruno Latour）也有类似的观点，他认为技术是"行动者网络"中的一种"行动者"，具有一定的能动性，影响人类的道德行为。他通过汽车警报声强制他系好安全带的案例，表明技术人工物能够"影响我们所做的决定、我们行动的结果以及我们在世界上存在的方式"。[4]正因为如此，他认为技术具有某种积极的、能动的、独立的意向性。技术悲观主义者埃吕尔（Jacques Ellul）甚至认为，技术已经发展成一个巨大的具有自主性的系统，而"人类个体本身在更大的程度上是某些技术及其工序的对象……（技术开发者）他们本身已深深技术化了。他们绝不愿意轻视技术，对他们来说，技术本质上是好的。他们绝不假装把价值赋予技术，对他们来说，技术自身就是一个产生目的的实体。他们绝不会要求它从属于任何价值，因为对他们而言，技术就是价值"[5]。

　　技术自主性的支持者试图在智能化程度日趋提升的人工智能体那里找到

更有力的证据。不论是赞成人工智能体有道德承担能力者还是反对者，都认为其能否成为人工道德行为体（AMAS）的关键在于是否具有自我意识或自由意志。艾伦（Colin Allen）等学者仿效"图灵测试"，将谈话内容改为道德问题，讯问者（interrogators）如果没有在一定的错误比例中区分出人与机器，就说明智能体通过了道德图灵测试，也就可以看作人工道德行为体。[6]而人工道德行为体意味着拥有自我意识，由此，道德图灵测试的结果就被认为可以用来证明人工智能体或机器人具有自我意识。那么，这真的可行吗？

　　如果技术真的具有一定的主体性，那么必然意味着技术也要承担责任。例如，对于网络社会中的违法行为，无论是电脑还是互联网，作为技术如果具有一定的主体性，那么就都应该承担一定的责任。约翰逊（Deborah G. Johnson）认为计算机系统具有道德代理关系，其工作类似于那些本该具有道德约束的人类服务人员，计算机系统从一种工具变成了代理人，计算机系统具有某种道德代理则是顺理成章的事。[7]然而即使我们能设计一个在道德上评价计算机系统的框架，对没有情感的技术产品问责也是毫无意义的。斯塔尔（Bernd Carsten Stahl）认为，即使先进的计算机系统也缺乏完全成熟的道德行动者的属性，如拥有自由意志和体验能力或能感受到责备和赞美，因此他提出这样的智能体最多只能有一种准道德责任（quasi-moral responsibility）。[8]伊利斯（Christian F. R. Illies）和梅杰斯（Anthonie Meijers）为了强调人工制品对使用者行动图景（action scheme）的深刻影响和责任担当，通过提出"第二责任"来指称人工制品设计者和涉及制作过程的所有人对使用者应负的责任，也就是通过价值敏感设计来让人工制品具有道德属性。[9]从上面的分析可以看出，虽然"准责任"与"第二责任"都是强调技术人工物的责任属性——通过其存在调节人类的行为方式和责任关系，但归根结底，无论怎样设计，对技术人工物的惩罚是难以真正实现的，或者说人工物自身是无法感受到惩罚的，那么对人工物的道德关系调整必然还是要回到对人类行为的规制上。

2.反方意见：人工智能体没有自主性，不能担责

　　人工智能体自主性支持方面临的最大挑战是对智能体自我意识的质疑。

承担道德责任可能性的判据在主体的概念内涵中，"自我"是其中一个关键要素，即能够意识到自己与众不同。人能够具有自我意识和主体性，得益于人的自由意志。有了自由意志，才能自觉选择和决定自己的行为，可以主动选择行为A，而不是行为B，虽然行为B也是有能力完成的。技术虽然能够借道德物化的功能来展示自己的某种"自主性"，例如，马路上的斑马线促使人们自觉遵守交通规则，代替交通警察执行了监督功能，以至于给人一种技术有了意向性或者自主性的感觉。但这种自主性是由人赋予的；而且，只是看上去像有"自主性"，而实质上并没有。这种自主性源于一种功能赋予。所谓功能赋予，是指行动者利用物体的自然属性达到他们的目的，人类和某些动物都具有赋予对象某种功能的能力。[11]这些功能不是自然物体固有的物理学上的性质，而是由有意识的行为者从外部赋予的，行动者可以因为不同的目的赋予同一种自然物体不同的功能，包括道德的功能。如，中国人喜欢在书房或者办公室挂字画牌匾来提示或警示自己，这种道德约束功能并不是书画匾额作品自身具有的，而是使用者赋予它的。技术不可能具有自主性，因为技术所表征出来的意义和的功能都是人所赋予的，不管这种赋予是有意的还是无意的。在拉图尔提出的汽车案例中，汽车的"意向性"和"自主性"都是人类（这里主要指设计者）赋予的，它只是在功能上看上去有"自主性"和"意向性"。

道德图灵测试为证明人工智能体有自我意识提供了最强有力的支持，但仍然遭到不少学者的质疑和批判。吴冠军认为，道德图灵测试实质上测的不是计算机是否真有意识，而是人是否认为它有意识。人工智能的意识犹如康德所说的物自体，人判断它存不存在，与它本身是否存在完全不相关。[11]目前看来，无法证实人工智能体是否具有自我意识，也就无法证明其有自主性；没有自我意识，也就不可能产生荣誉感和羞耻心，不能产生承担责任的内生动力。

实质上，对于机器参与人类认知活动是否需要承担道德责任，控制论创建者维纳早就给出了答案：人类如果把责任丢给机器，最终会自食其果。[12]

在当今大科学时代，信息技术已经成为各学科、各行业获得和传播知识的重要媒介，其过失行为应该被视作集体行为，相应的责任主体应该包括相关的系统使用者、系统设计者、网络维护者等。[13]

3. 综合意见：人工智能体可以延展人类认知，但是责任不能延展

有认知能力并不等于有责任承担能力。"责任"是一个关联性的概念，不仅与个体属性相关，而且更多时候在群体层面产生意义。从个体层面来看，认知能力不一定要求有自我意识，而责任承担必然要求有自我意识。认知包括感觉、知觉等能力，而根据人类认知五层级理论，[14]只要具备了低层级的感觉能力，就可以认为有认知能力，但是这并不必然要求自我意识，自我意识是人类独有的语言层级和思维层级才能产生的认知。现有的智能体已经能够模仿人类低阶认知，但是在高阶认知模拟上却存在局限性，即使语音技术的进步使智能机器人能够说出"我认为……"或者"我为此事道歉"这样的语句，却并不能证明这是智能体思维的表征，因为其思维能力现在尚不能确定。从群体层面来看，承担责任不仅涉及个人的体会，而且与整个社会的运行机制相关。即使智能体认知水平提高到超过人类普通水平，甚至拥有了自主性，智能体和人类也仍然处于两个不同的世界，在智能体可能存在的世界与人类世界建立起交融的体系前，智能体不可能如人类期望的那样承担责任。

再从认知的主客体关系看。从认知主体的角度出发，既然人工智能体的自我意识无法确定，那么就可以认为它们无法体验情感，那么就是不能承担任何责任的。而新近发展起来的社交机器人拥有酷似人类的外表，其行为能够引起人类的情感共鸣。在这样的背景下，如果从认知客体的角度出发，也就说从认知对象的体验出发，人工智能体只要做出了类似于人类的负责任的行为，我们就可以认为人工智能体承担了责任。但这种承担责任的效果非常有限，仅限于心理安慰而已。

由此可见，人工智能体虽然可以延展人类的认知，但是无法承担相关的责任，只有人类才能挑起责任重担。作为万物之灵的人类既可以在事前将人类价值观融入智能体伦理设计中，也可以通过法律、金融、技术等手段进行事后干预，综合多种手段共同防控风险。

二、人机系统的责任分配原则

从延展认知的视角来看，一方面，智能体正作为环境要素影响着人类的认知过程和判断结果，因此，对人机系统的事故责任，必须考虑人与技术在这一整体中的角色与互动；另一方面，在人的行为中，技术连接了人工物和使用者，但延展人类认知的仍然是没有自我意识和担责能力的技术，因此最终能够为行为本身负责的只能是人。就像芒德福（Lewis Mumford）所说："技术本身不像整个宇宙一样，形成一个独立的体系。它只是人类文化中的一个元素，它起的作用的好坏，取决于社会集体对其利用的好坏。机器本身不提出任何要求，也不保证做到什么。提出要求和保证做到什么，这是人类的精神任务。"[15] 只有人类才能提出道德规范，同时自觉遵守道德规范；而对于人工智能，我们可以期望，但不能指望。因此，在对人与人工智能体构成的整体系统进行责任分配方案设计时，可以借鉴约纳斯（Hans Jonas）的责任伦理原则。约纳斯的责任伦理是一种整体性的伦理，作为具有自由意志和理性的主体，人类在面对作为对象的人工智能体时，不仅要为其行为造成的后果承担责任，而且必须为了人类社会的整体利益和长远利益而负责任地行动。[16]也就是说，人类应通过多种方式，主动承担道德意义的事前责任和法律意义的事后责任。在当前人机系统中，人与认知环境已经形成认知整体，责任主体却又只能是人，由此须制定如下责任分配原则：

原则一：以人为本、共生共存原则

人工智能的兴起始于"人的需要"，因而其发展必然自始至终"以人为本"，以人类的利益为中心；虽然在发展的过程中，难免会因为科技的"双刃剑"效应，产生一些难以预料的后果，但总的来看是利大于弊的。人工智能将在发展中成为一个新的物种，其存在的初衷是为了促进人类幸福和长远发展，因此我们也应尊重它们，从自身长远利益和人类社会的整体利益出发，与其共生共存；同时，我们也应正视人工智能无论是在模仿人类思维能力还是道德情感方面都存在不足，只有利用人工智能来提升人类潜能才能从根本上让人类保持安全感和主人地位，更好地承担新的社会责任。

原则二：人类作为责任主体承担全部后果

目前的人工智能尚不具有自由意志和情感，因此从客观上无从谈起承担责任和后果；未来倘若人工智能能够产生自由意志和情感，那么我们也不能完全寄希望于其能自觉遵照人类道德规范，承担相应的责任。就像我们不能指望人类社会中每一个人都自觉遵守道德规范一样，我们更不能指望智能机器人自觉遵守道德规范。唯一有效的办法，就是人类自觉遵守道德规范，主动承担法律意义的事后责任和道德意义的事前责任；同时加强对自主机器人的控制研究，一旦失控，则摧毁它，将人类社会的损失控制在最小范围。

原则三：分级分类制订担责方案

自计算机诞生之日起，人工智能就在对人类各种能力的模仿中不断进步。在人机系统中，人工智能的智能化程度不同，从而在认知整体中扮演着不同的角色；同时，其可控性也不同，因此，不同领域的人在和智能化程度不同的人工智能体交互时应该承担不同的责任，由此制订担责方案时也应该有所区别，这就是分级分类制订担责方案的原则。目前的人工智能体并不具备真正的自主性，也就无法承担道德责任，但可以通过道德物化形式进行价值敏感设计，并综合运用技术、法律和保险等多种方式来进行风险防控；未来智能机器人即使产生自由意志，人类也应从整体利益和长远利益出发，主动承担道德意义的事前责任和法律意义的事后责任。

三、人机系统的责任承担方案

根据以上列出的三条人机系统责任分配原则，这里针对人工智能体的输入、输出是否可控，给出四种语境下人机系统的责任分配方案：第一种是人工智能体的输入、输出均可控制的人机系统，其事故责任归属主要依赖传统的技术补救和法律问责；第二种是人工智能体的输入不可控、输出可控制的人机系统，其事故责任归属必须依赖政府和企业对大数据的安全监控；第三种是人工智能体输入可控、输出不可控的人机系统，必须通过技术的价值敏感设计和风险转移机制来规避风险；第四种是人工智能体输入、输出均不可控制的人机系统，必须通过国家之间缔结盟约来应对全球威胁。

第一，"人—输入、输出均可控的人工智能体"：传统的技术补救和法律问责

这类人机系统中的"机"主要是指传统的人工智能，还算不上真正的智能体。传统的人工智能以及当前主流的人工智能的输入输出均可控，如办公软件、平板电脑等，这一类系统的输入、输出是完全由计算机的初始设计所确定的，即使是随机函数，也是在一定范围内的随机。因此，这类人工智能的过失可以说是由设计者的失误或疏忽造成的。当然，要想完全排除这种失误也是不现实的。不过这类系统的危险并不来自于系统本身的强大，而是来自于设计者或者使用者。对这类人工智能可能出现的失误，已经形成了比较固定的防范模式，比如事前通过技术上打补丁或者事后法律问责等。

第二，"人—输入不可控、输出可控的人工智能体"：政府和企业的安全监控

当前人工智能体性能的大幅提升得益于技术环境的改善，互联网和大数据技术的发展，使人工智能获得了丰富的"喂养"原料，因此训练的成本大大降低，训练的广度和深度却大大扩展，最终使得人工智能"模仿"人类智能的水平大大提升。对于那些能够通过互联网自我深度学习的人工智能来说，人类反而无法掌控其学习的具体路径和方式，而只能从学成的结果判断人工智能的智能化水平。例如，谷歌开发的阿尔法狗Zero，从对围棋一无所知的状态开始自我学习，在没有借助任何人类棋谱，完全通过跟自己博弈提升弈棋水平的情况下，以100比0的战绩完胜曾经以4比1战胜世界围棋冠军李世石的阿尔法狗Lee，并以89比11战胜了对人类保持全胜记录的阿尔法狗Master，成为最强围棋人工智能。[16]诸如这类人工智能一旦投入到互联网，在完成给定目标的指令下，将通过自我搜索、自我学习来快速实现目标，而不管获取数据是否合法。针对这类人工智能，只能通过干预其运行环境来降低风险，尤其是通过政府和企业合作，共同制定相关政策和采取相应措施来进行安全监控，规避隐私风险和安全风险。

第三，"人—输入可控、输出不可控的人工智能体"：技术的价值敏感设计和风险转移机制

在这类人机系统中，人工智能体的行为不完全由初始设计所确定，还取决于系统的全部经验，包括有限的训练阶段和投入使用后的全部经历。例如，以自动驾驶汽车为代表的通用人工智能，在运行过程中将遇到某些特殊的情境，迫使其做"道德判断"——尽管人工智能体自身并不明白这具有道德选择的意味。人类目前正试图将自己认可的道德律令植入这类人工智能，然而却一直争议不断。原因有两方面：一是并没有所有人都同意的道德规则，尤其是对不同民族、不同国家而言，一旦强制性地将某些规则植入人工智能，未必符合人类的长远利益，甚至影响社会的稳定；二是在植入道德规则后，面对具体的情境，各种要求会互相竞争甚至冲突，唯一的解决办法就是由人来根据人工智能提供的信息做出道德选择，从而把人工智能的风险处理提高到人类可以操控的层面[18]。那么，一旦人工智能体的"道德选择"出错，谁来负责呢？这需要审视错误的性质，由此设计出不同的担责方案：一类是从设计步骤入手，建议加强伦理学者与工程师的合作，共同商议机器人应该拥有哪些能力，让机器人的行为和能力符合消费者（或人类）的价值观，并限定机器人的检修周期和最长使用寿命；另一类是通过保险等机制转移风险。由于人工智能体负载的功能复杂，其损失覆盖面通常比较大，大多数情况下个人甚至公司都无法独自承担风险。在这种情况下，国家的法律体系、金融保险体系、社会体系都需要相应地调整，以共担风险。如，针对无人驾驶汽车引发的事故制定双重保险计划，保险公司先赔付，然后作为责任方从制造商处追回；或者汽车公司在销售无人驾驶汽车的同时售卖保险，巧妙地将保险费纳入购车费用中。总的来看，克服这类人工智能体的危险性的要点和难点在于对其后天经验的控制和影响，这不完全是个技术问题，也是个社会工程。在科学技术融入日常生活的今天，对这类影响深远的人工智能的开发必须谨慎，不仅需要研发者有一种伦理意识，研发过程中还必须进行详细的技术评估。

第四，"人—输入、输出均无法控制的人工智能体"：国家之间缔结盟约应对全球威胁

输入、输出均无法人为控制的人工智能体，无疑是最危险的人工智能，目前仅出现在科幻作品中。只要给了它"第一推动力"，也就是将它制造出来，它就可以面对外在环境进行自我适应。一方面，只能通过改变外在使用环境来限制这类人工智能体；另一方面，谁来给予"第一推动力"很重要。人类目前最担心的人工智能体莫过于"自主机器人杀手"。因为每个人都无法在心理上接受无辜的人被杀死，而在这类人工智能体面前，个体只是被攻击的普通对象，而非有血有肉有情感的人类。这样的人工智能体将和原子弹一样，成为恐怖组织追捧的新式武器，进而成为全球威胁。实质上，自主机器人杀手还不是真正输入、输出无法控制的人工智能，因为它可以召回的，科幻电影《异形：契约》里的大卫才是真正输入、输出无法掌控的人工智能。它可能外表没有那么可怕，但由于输入、输出已经不能控制，自主性已经产生，人类不仅不能控制它，甚至可能被它控制。而对这类人工智能体产生的风险，则不能依赖一个企业或者一个国家，而需要全球各个国家之间缔结盟约，共同应对。

结语：我们到底需要什么样的人工智能？

当一个貌似可以自主行动的人工智能体来到我们身边时，我们并不是只有惊喜。相信不少观众在观看世界围棋冠军李世石与阿尔法狗下棋时，很容易幻想一个由机器主宰的未来，从而对人类的未来担忧。事实上，人类只愿意独享自主决定的优越性，并不希望由人工智能为人类做主；人类既然在工业时代就展现出征服自然的野心，那么征服机器同样也是志在必得。因此，对于人工智能的何去何从，人类绝不可能放弃作为主人的愿望；我们只希望让人工智能通过提供信息、预测行动的后果、提出建议来增强人类的智慧，或者代替人类从事人类不能胜任的体力劳动，但"何时行动?""如何行动?""何时停止?"的选择权和决定权应该留给人类。

参考文献

[1] Clark, A., Chalmers, D. 'The Extended Mind' [J]. *Analysis*, 1998, 58(1): 7−19.

[2] 兰登·温纳. 自主性技术：作为政治思想主题的失控技术[M]. 杨海燕译，北京：北京大学出版社，2014，5.

[3] 彼得保罗·维贝克. 将技术道德化——理解与设计物的道德[M]. 闫宏秀、杨庆峰译，上海：上海交通大学出版社，2016，8−14.

[4] Latour, B. 'Where Are the Missing Masses? The Sociology of a Few Mundane Artifacts' [A], Bijker, W. E., Law, J. (Eds.) *Shaping Technology/Building Society: Studies in Socio-technical Change*[C], Cambridge, Mass.: MIT Press, 1992, 225−258.

[5] 雅克·埃吕尔. 技术秩序[A], 吴国盛：技术哲学经典读本[C], 上海：上海交通大学出版社，2008，123.

[6] Varner, A. C., Zinser, G. J. 'Prolegomena to Any Future Artificial Moral Agent' [J]. *Journal of Experimental and Theoretical Artificial Intelligence*, 2000, 12(3): 251−261.

[7] 波瓦斯·约翰逊. 计算机作为代理者[A]，霍文、维克特：信息技术与道德哲学[C]，赵迎欢、宋吉鑫、张勤译，北京：科学出版社，2014，222−223.

[8] Stahl, B. 'Responsible Computers? A Case for Ascribing Quasi-responsibility to Computers Independent of Personhood or Agency' [J]. *Ethics and Information Technology*, 2006, 8(4): 205−213.

[9] Illies, C. F. R., Meijers, A. 'Artefacts, Agency and Action Schemes' [A], Kroes, P., Verbeek, P. P. (Eds.) *The Moral Status of Technical Artefacts* [C], Dordrecht Heidelberg New York London: Springer, 2014, 159−184.

[10] Searle, J. *Mind, Language and Society* [M]. New York: Basic Books, 1998, 121−122.

[11] 吴冠军. 神圣人、机器人与"人类学机器"：20世纪大屠杀与当代人工智能讨论的政治哲学反思[J]. 上海师范大学学报（哲学社会科学版），2018，47（6）：42−53.

[12] 拜纳姆·诺波特. 维纳和信息伦理学的兴起[A]，霍文、维克特：信息技术与道德哲学[C]，赵迎欢、宋吉鑫、张勤译，北京：科学出版社，2014，13.

[13] Miller, S. 'Collective Responsibility and Information and Communication Technology' [A], Hoven, J. V. D., Veckert, J. (Eds.) *Information Technology and Moral Philosophy*[C], Cambridge: Cambridge University Press,2008, 226−250.

[14] 蔡曙山. 人类认知的五个层级和高阶认知[J]. 科学中国人，2016，（2）：33−37.

[15] 刘易斯·芒福德. 技术与文明[M]. 陈允明、王克仁、李华山等译，北京：中国建筑工业出版社，2009，9.

[16] 方秋明. 为天地立心，为万世开太平：汉斯·约纳斯责任伦理学研究[M]. 北京：光明日报出版社，2009，64−65.

[17] Silver, D., Schrittwieser, J., Simonyan, K., Antonoglou, I., Huang, A., Guez, A. 'Mastering the Game of Go without Human Knowledge' [J]. *Nature*, 2017, 550(7676): 354−359.

[18] 王培. AI专栏：人工智能危险吗？ [OL] . http://www.360doc.com/content/16/1120/19/33499934_608048035.shtml. 2019-07-26.

索 引

作者简介

（按姓氏音序排列）

程广云，首都师范大学哲学系教授，研究方向为文化哲学、政治哲学、科技哲学。

董佳蓉，哲学博士，山西大学哲学社会学学院讲师，研究方向为科学哲学。

葛四友，武汉大学哲学学院教授，研究方向为现当代英美政治哲学与规范伦理学。

黄竞欧，首都师范大学政法学院讲师，研究方向为法国哲学、西方马克思主义哲学。

李　伦，大连理工大学哲学系教授，研究方向为科技伦理。

刘鸿宇，南京农业大学马克思主义学院讲师，主要研究方向为科技伦理、农业伦理、企业伦理。

马翰林，苏州科技大学马克思主义学院讲师，研究方向为道德哲学、科技哲学、教育哲学。

梅剑华，山西大学哲学学院教授、中国人民大学哲学与认知科学交叉平台研究员，研究方向为心智哲学、实验哲学、认知科学哲学。

倪梁康，浙江大学哲学学院外国哲学研究所教授，研究方向为现象学与东西方心性思想。

潘恩荣，浙江大学马克思主义学院马克思主义中国化研究所教授，研究方向为"哲学－工程学"交叉研究、马克思主义技术哲学与工程伦理，工程设计哲学与设计伦理、人工智能伦理。

彭　拾，东南大学机械工程学院空天机械动力研究所副教授，主要研究方向为人工智能、机器学习。

秦子忠，海南大学马克思主义学院副教授，研究方向为政治哲学。

宋春艳，湖南省社会科学院副研究员，研究方向为科技伦理、科学社会学、科学哲学。

王　珏，东南大学人文学院教授，主要研究方向为道德哲学、经济伦理、组织伦理。

王　磊，同济大学政治与国际关系学院博士生，研究方向为技术治理、人工智能与社会治理。

王志强，《中国社会科学》杂志社副编审，研究方向为马克思主义政治哲学和精神分析理论。

徐英瑾，复旦大学哲学学院教授，研究方向为人工智能哲学、认知科学哲学、维特根斯坦哲学等。

杨嘉帆，之江实验室工程师，主要研究方向为技术哲学与工程伦理。

殷　杰，山西大学哲学学院教授，研究方向为科学哲学。

岳楚炎，中国人民大学哲学院政治哲学专业博士研究生，研究方向为中国当代政治哲学。

赵汀阳，中国社会科学院哲学研究所研究员，研究方向为政治哲学、存在论、伦理学。